垃圾焚烧发电企业

安健环管理体系建设

王 勇 编著

中国电力出版社
CHINA ELECTRIC POWER PRESS

内 容 提 要

垃圾发电行业进入快速发展期，本书是为了提高垃圾发电企业的安健环管理水平而编著的实用工具书。

本书主要内容包括安健环方针、理念和机制，安健环管理基本要素、原则和规律，安健环基础建设，安健环基层建设，安健环基本技能建设，风险分级管控和隐患排查治理机制建设，应急管理体系建设，监督机制建设，生态环境保护和职业健康管理体系建设。

本书针对垃圾发电企业的安健环管理需求，详细介绍了垃圾发电企业的安健环体系建设内容，是垃圾发电企业安健环管理人员、生产管理人员必备工具书，也可供其他行业的安健环管理人员和生产人员参考。

图书在版编目（CIP）数据

垃圾焚烧发电企业安健环管理体系建设 / 王勇编著. —北京：中国电力出版社，2023.3
ISBN 978-7-5198-7580-0

Ⅰ. ①垃… Ⅱ. ①王… Ⅲ. ①垃圾发电–工业企业–安全生产–体系建设–中国②垃圾发电–工业企业–劳动保护–体系建设–中国③垃圾发电–工业企业–环境管理–体系建设–中国 Ⅳ. ①TM08②X322

中国国家版本馆 CIP 数据核字（2023）第 028145 号

出版发行：中国电力出版社
地　　址：北京市东城区北京站西街 19 号（邮政编码 100005）
网　　址：http://www.cepp.sgcc.com.cn
责任编辑：娄雪芳（010-63412375）　董艳荣
责任校对：黄　蓓　王海南
装帧设计：张俊霞
责任印制：吴　迪

印　　刷：三河市万龙印装有限公司
版　　次：2023 年 3 月第一版
印　　次：2023 年 3 月北京第一次印刷
开　　本：787 毫米×1092 毫米　16 开本
印　　张：12.25
字　　数：269 千字
印　　数：0001—1000 册
定　　价：55.00 元

前 言

2022 年 10 月，习近平总书记在党的二十大报告里，从立足新发展阶段、贯彻新发展理念、构建新发展格局角度对安全生产做出重要论述，指出国家要统筹好发展和安全两件大事，实现更高质量、更为安全的发展。《中华人民共和国安全生产法》第二十一条第五款提出了建设安全生产风险分级管控和隐患排查治理体系，真正做到安全管控关口前移，防范各类安健环事故事件的发生。

近年来，我国的垃圾发电事业发展迅速，国家和社会公众对垃圾发电企业安健环［安全（safe）、健康（health）、环境（environment），SHE］管理提出了更高的要求。安健环管理如何适应新发展阶段的要求成为垃圾发电企业的头等大事。

本书以安健环方针为指引、以理念为先导、以机制创新为引领、以目标为导向，紧密结合垃圾发电企业业态特点，贴近一线安健环管理工作实际需要，侧重阐述了如何建立和运行安健环管理体系，包含安健环方针、理念和机制，安健环管理基本要素、原则和规律，安健环基础建设，安健环基层建设，安健环基本技能建设，风险分级管控和隐患排查治理机制建设（简称双重预防机制），应急管理体系建设，监督机制建设，生态环境保护和职业健康管理体系建设九章。意在提高垃圾发电企业安健环从业人员的技能水平，指导企业建立制度化、专业化、规范化、体系化的安健环管理体系和工作机制。

本书通俗易懂，阐述了安健环体系建设的基本思路和具体内容，涵盖了安健环管理的各个环节，是垃圾发电企业各级管理人员必备读本，对其他行业也有借鉴作用，也可作为企业员工安全教育培训的教材。

鉴于作者水平有限，书中不足之处在所难免，希望广大读者给予指正。

王 勇

2023 年 1 月

目录

第一章　安健环方针、理念和机制

近年来，习近平总书记多次对安全生产提出重要论述，从立足新发展阶段、贯彻新发展理念、构建新发展格局角度对安全生产提出新要求，核心观点一是强化红线意识，实施安全发展战略；二是抓紧建立健全安全生产责任体系；三是强化企业主体责任落实；四是加快安全监管方面改革创新；五是全面构建长效机制；六是领导干部要敢于担当。

2022 年 10 月，党的二十大报告提出增加人民的安全感和幸福感，把统筹发展和安全纳入新时期我国经济社会发展的指导方针，安全在党和国家工作大局中的重要地位更加突出。

保证安全生产将有益于增加人民的安全感和幸福感。安全生产的方针、理念、机制正在发生深刻变化，安全生产监管力度空前加大，国家和社会对安全发展的期望日益增长。也对企业做好安全生产工作、强化重大风险防控、有效遏制重特大事故、全面提高安健环管理能力提出了更高要求。

第一节　安 健 环 方 针

一、国家安全生产方针

1985 年，全国安全生产委员会首次提出了“安全第一、预防为主”的安全生产方针，它是我国安全生产的指导方针。随着时代的进步和社会的发展，安全生产方针也在不断地演变，从 1985 年的“安全第一、预防为主”到 2005 年的“安全第一、预防为主、综合治理”。

安全生产方针表达了政府对安全生产工作的总体要求，指明了安全生产工作方向，反映了国家对安全生产规律特点认识的不断深化。这一方针要求安全生产工作必须重视综合运用多种手段，标本兼治，重在治本。

将“综合治理”作为安全生产方针，符合安全生产工作的规律特点。安全生产方针是完整的统一整体，坚持安全第一，必须以预防为主，实施综合治理，才能有效防范事故。

事故源于隐患，防范事故的有效办法，就是将风险管控关口前移、主动排查、综合治理各类隐患，把事故消灭在萌芽状态。不能等到付出了生命代价、有了血的教训之后再去改进工作。从这个意义上说，综合治理是安全生产方针的基石，是安全生产工作的重心所在。

安全生产必须坚持标本兼治，重在治本，既要采取有效措施遏制重特大事故。也要采取治本之策，从安健环基础管理、安全文化建设、安全投入、技能培训、理念建立、监督检查以及追究事故责任等方面着手，解决影响制约安全生产深层次问题，建立安全生产长效机制，实现本质安全。

二、理解安全生产方针

安全生产方针是安健环工作的方向指引，应正确理解，并认真贯彻执行。

(1)“安全第一”，就是要处理好安全与发展的关系，把安全放在首要位置，实行“安全为天”的原则，在确保安全的前提下，努力实现生产的其他目标。

(2)“预防为主”，就是一切事故皆可预防、一切风险皆可控制，按照系统化、科学化的管理意识，研究事故发生的规律和特点，努力预防事故的发生，做到防患于未然。只要思想重视、风险预防措施得当，事故是可以大大减少的。

(3)“综合治理”，就是标本兼治，重在治本。安全生产取决于每个人，安全生产落实在班组（值），体现在一线。做到思想认识上警钟长鸣，制度保证上严密有效，技术支撑上落实有力，监督检查上严格细致，事故处理上严肃认真。

三、落实安全生产方针

(1) 重在落实。各级生产人员必须树立“安全第一”的意识，必须用辩证统一的观点处理好安全和发展的关系，在进行生产管理的时候把安全工作放在首位，作为头等大事来抓，树立“安全促进生产、生产必须安全”的意识。

(2) 贵在坚持。安全生产是永恒的主题，安全生产工作永无止境，风险预控永无止境，持续改善永无止境。

四、环境保护方针

以习近平总书记的“两山”理论为指引，垃圾发电企业应坚持“合规守法、污染防控、节能减排”的环境保护方针。

(1) 合规守法。落实主体责任，按证排污，通过自行监测和信息公开，自行监督、持续改进，保证企业环境保护行为合规守法。建立贯穿生产全过程的生态环境保护管理体系，构建生态环境保护长效机制，实现从环评、建设、验收到生产全过程的控制和监管。

(2) 污染防控。通过设计、设备选型及运营管控手段，预防和控制污染物的产生，减少污染治理成本。

（3）节能减排。在全方位做好污染物减排的基础上，依靠科技创新减少能源的消耗量，并提高资源综合利用。

第二节　安健环管理理念

树立安全发展理念，深化源头治理、系统治理和综合治理，不断提高安全生产治理能力和完善治理体系。

一、树立安健环管理理念

安全管理要做到理念先行，以理念为先导，贯彻“安全第一、预防为主、综合治理”的安全生产方针，坚持以下安全生产理念。

（一）三个任何

安健环管理最基本的管理理念是任何风险都可以控制、任何违章都可以预防、任何事故都可以避免。

（二）四个对待

违章当事故对待，未遂事故当已遂事故对待，小事故当大事故对待，别人的事故当自己的事故对待。

（三）四个一切

在安全工作中，安全工作高于一切、重于一切、先于一切、影响一切。

（四）三个取决

安全生产取决于现场的每一个人，取决于班组（值）落实，取决于生产一线。

二、用理念统筹日常工作

企业要将安全发展理念纳入日常安健环管理工作中去。首先，在思想意识上接受“三个任何”等的管理理念，为抓好安全生产奠定意识基础。其次，抓好安全发展理念的制度性设计，激发各级生产人员的安全生产、环境保护的自觉性，切实将思想意识和行动统一到党中央关于安全生产决策部署上来。

第三节　安健环工作机制

生产活动中总会伴随着安全风险，安全风险是潜在的、随时存在的，只有规范安全生产管理，有效控制安全生产风险，才能搞好安全生产，防止各类事故发生。

随着社会的进步，企业体制、机制改革不断深化，人们意识认识水平的不断提升，不断对事故总结和分析，积累了大量的宝贵经验，对安全生产风险的认识也逐步加深，开始从传统的经验管理向现代的制度化管理、规范化管理及风险管理转变，从事后管理向预防管理转变。

安全生产管理重在体制，体制决定机制，机制决定效果。安健环管理机制，应坚持问题导向、目标导向和结果导向，日常管理工作应遵循以下机制。

一、责任主体机制

党政同责、一岗双责、失职追责、齐抓共管，企业的各级党政组织共同负责安全生产工作，各级班子成员负责分管业务，也要履行安全生产管理职责。

二、分级担责机制

部门是企业的安全生产责任主体，班组（值）是部门的安全生产责任主体，员工是班组（值）的安全生产责任主体。

三、检查监督机制

建立安全生产检查监督体系，以检查监督促进安全生产。

四、安全网络机制

建立安全管理网络，形成公司安全监督人员、部门安全监督人员、班组（值）安全员组成的三级安全网，组成完整的安全监督体系，实现全天候、全过程、全方位的安全监督。

五、双重预防机制

人身事故风险管理工作是以预防为主，即通过有效的管理和技术手段，控制人的不安全行为、消除物的不安全状态、堵塞管理漏洞，从而使事故发生的概率降到最低，其基本出发点源自生产过程中的事故能够预防的观点。

为遏制重特大事故发生，国务院安全生产委员会提出构建双重预防机制。要求坚持风险防控，管控前移，全面推行安全风险分级管控，进一步强化隐患排查治理，把隐患消灭在事故前。

第二章　安健环管理基本要素、原则和规律

第一节　安健环管理基本要素

一、安健环管理是一门综合性学科

安健环管理既要掌握安全生产的法律政策、规范制度等属于社会科学方面的内容，又要掌握有关工程技术与应用技术等属于自然科学方面的内容，也要考虑安全措施的经济效能和组织实施等问题，还涉及人员的精神状态和心理状态。因此，安健环管理是一门综合性学科，技术措施、管理措施和职业健康是它的三个基础组成。

（1）技术措施。它是一种技术工程措施，是为了防止工伤事故而采取的技术措施。例如采用更完善、更安全的操作方法，以消除危险的工艺过程，在机器设备上安设防护装置、保险装置、联锁保护装置等，这些都属于安全技术的范畴。

（2）管理措施。它是将整个安全工作看作一个大的系统，并以系统工程的理论和方法研究安全生产的管理。其主要内容有安健环生产的法规、制度、规范，安全监察理论，安全目标及承诺，危险因素分析及安全评价，人的安全行为管理，工伤事故的分析、预测，以及安全生产的宣传、教育、检查、活动等。

（3）职业健康。它研究生产过程中有毒有害物质对人体的危害，从而采取相应的技术措施和组织措施。例如，用通风、密闭、隔离等方法排除有毒有害物质，作业佩戴必要的个人安全防护用具，开展职业病风险因素辨识等，都属于职业健康的范畴。

二、安健环管理基本要素应用

企业安健环管理要符合实际，并无定式，要将以下安健环管理基本要素应用在实际工作中。

（一）领导作用

远见卓识的领导要以前瞻性的视野、敏锐的洞察力，确定企业在安健环方面的理念、目标和方针，带领全体员工实现企业的安健环发展战略和目标。在企业的日常管理中，高层领导是灵魂与核心，在以下方面起到决定性的引领和带动作用。

（1）确定及率先实施企业的安健环理念、目标和方针。

（2）引导和推动企业落实安健环投入。

（3）履行公共责任、法律等方面的社会责任。

（二）依法合规

安健环管理工作首先要依法合规，要严格执行国家法律法规、行业标准规范、企业规定的要求，实现规范化、专业化、标准化安健环管理。

（三）安全文化

安全文化是存在于单位与个人的安全价值观、安全意识、原则及在其指导下的各项行为的总称。安全文化决定了安健环管理上的承诺，以及工作作风，主要包括安全观念、行为安全、系统安全、工艺安全等。安全文化主要适用于高技术含量、高风险操作型企业，在能源、电力等行业内重要性尤为突出。

（四）责任制

安全生产责任制强调把“安全生产，人人有责”从制度上固定下来。从而增强各级生产人员的责任心，使安全管理纵向到底、横向到边，责任明确、协调配合，共同努力把安全工作真正落到实处。其内容大体可分为两个方面：一是纵向方面各级人员的安全生产责任制，即各类人员（从最高管理者到一般职工）的安全生产责任制。二是横向方面各职能部门（如安全、设备、技术、人事、财务等部门）的安全生产责任制。企业必须认真落实各级生产人员安全生产责任制，落实党政同责、三管三必须（管业务必须管安全、管行业必须管安全、管生产经营必须管安全）的要求。

（五）持续改进

持续改进是企业建立标杆库，连续改进安健环某一或某些方面的不足。一般步骤包括确定改进目标、寻找解决措施、制定改进计划等。企业要营造一个全员参与、主动实施改进的氛围和环境，以确保改进过程的有效实施。

（六）组织架构

企业安健环组织机构是按照一定的原则设置的机构，体现了企业内部各部门的安健环职能。

（七）制度标准

制度标准是安健环管理的工具、管理原则、管理方法、管理标准以及管理机构设置的规范。它是实施安健环管理行为的依据，是安全生产过程顺利进行的保证。合理的制度标准可以简化管理过程，提高管理效率。企业要通过法规识别与评价，建立内控标准，开展制度建设。

（八）检查监督

制定检查标准及检查计划，开展各种形式的检查督查，上级对基层单位的检查要采用“四不二直”模式，不发通知、不打招呼、不听汇报、不用陪同，直插基层和直奔现场，强化安全检查和监督。

（九）教育和培训

教育和培训是指为完成企业所需的各项培训任务而进行的一系列管理过程，它包括培训的调研、实施、管理、评估等一系列内容，是保证企业培训工作有效开展的一个整体系统。企业要制定年度培训计划，开展各种形式的安全培训和教育工作，不断提高员工安全意识、安全技能、风险辨识和防范能力。

（十）资质证照

企业要取得必要的资质证照，包括人员操作资质、行政许可、设备证照等。人员要持证上岗，特种设备要有设备证照并定期更新。

（十一）目标和责任

目标管理亦称“成果管理”，是指在企业员工的积极参与下，自上而下地确定安健环工作目标，并在工作中实行“自我控制”，自下而上地保证目标实现。明确企业、部门、班组（值）、个人的安全目标，一级保一级，确保年度目标的实现。

（十二）监测和检验

运用现代科学技术建立各种监测和检验系统，在安健环工作中发挥着重要作用。

（十三）风险管控

风险管控关口前移，进行风险分级管理，对风险进行提示、预警，重大风险建立三级管控机制，降低安全事故发生概率。

（十四）危险源管理

开展危险源辨识，对风险进行评估、分级、建档，建立安全预警机制。

（十五）隐患排查治理

明确隐患排查治理责任主体，排查标准。开展隐患排查和整改，建立台账，确保隐患可控在控。

（十六）高风险作业

建立高风险作业清单，完善作业过程技术交底程序，规范作业管理，加强作业过程监护，降低作业风险，防止作业过程中发生安全事故。

（十七）安全风险评估和提示

确定评估方法和范围，定期开展风险评估，提示风险，责令整改。定期评审，不断改进。

（十八）票、证、卡管理

落实“两票三制”（两票：工作票、操作票；三制：交接班制、巡回检查制、设备定期轮换制），对较大风险作业，还要履行相关安全许可手续，如高风险作业许可证、高风险作业安全交底卡。

（十九）管理创新

用新技术、新理念、新模式、新设备等提升安全管理。

（二十）安健环费用

保证安全费用投入，制定安健环费用管理办法，明确费用预算、支取、使用程序，专款专用。

（二十一）应急管理

建立应急机制，加强应急演练，增强应急力量，减少事故造成的损失。

（二十二）事故事件管理

按“四不放过”（事故原因未查清不放过、当事人未受到教育不放过、整改措施未落实不放过、事故责任人未受到处罚不放过）原则开展事故分析，加强事故案例的培训学习。

（二十三）安全措施计划

制定年度安全措施计划，计划应根据国家、行业、企业标准进行编制，资金专项使用，重点在防止人身伤亡事故、环境污染事故、改善劳动条件、完善安健环设施、预防职业病、提高消防水平。

（二十四）作业环境与许可

规范公司内作业的安全管理，控制和消除生产作业过程中的潜在风险，实现安全生产。

（二十五）不符合项和变更管理

当某些基准发生变化时，为了达到目标，就必须对发生的各种变化采取必要的应变措施，这种行为称为变更管理。建立一套正规的程序对变更进行有效的控制，从而更好地实现目标。

（二十六）劳动保护

劳动保护是指为了保障劳动者在劳动过程中的健康而采取的各项安全保护措施。企业要为员工配置必要的劳动保护用品，保证员工职业健康。

（二十七）安全标志

用以表达特定安全信息的标志，由图形符号、安全色、几何形状（边框）或文字构成。安全标志是向工作人员警示工作场所或周围环境的危险状况，指导人们采取合理行为的标志。安全标志能够提醒工作人员预防危险，从而避免事故发生。当危险发生时，能够指示人们尽快逃离，或者指示人们采取正确、有效、得力的措施，对危害加以遏制。安全标志不仅类型要与所警示的内容相吻合，而且设置位置要正确合理，否则就难以真正充分发挥其警示作用。

（二十八）安全简报

加强安健环信息交流，为班组（值）安全学习提供材料。

（二十九）安健环台账

安健环台账是基础管理的内容之一，一个台账对应一项工作，对于垃圾发电企业应建立安全管理、环境保护、职业健康等有关的台账。

（三十）协同

安全不是一个部门或一个人的事，要做好各个部门、班组（值）与员工之间的协同。

（三十一）承包商管理

对承包商进行等同管理，不能以包代管。

（三十二）奖励与处罚

奖惩制度是安健环管理的内容之一，奖励是指根据员工的现实表现和工作实绩对其进行物质或精神上的鼓励，以调动其工作潜能和工作积极性。是一种正激励机制。惩戒是指对违法违章行为给予最大限度的防范和纠正，是一种负激励机制。

（三十三）沟通与促进

包含员工个人的沟通与促进和部门之间的沟通和促进。

（三十四）生态保护

企业要采取一系列必要措施，加大生态环境保护与建设。

（三十五）工艺和设备

工艺技术管理、设备管理及设施管理。

（三十六）考核评价

根据考核标准对部门、员工安全生产绩效情况进行量化考核。

第二节　安健环管理基本原则

为了做好安健环管理工作，在日常的安健环管理工作中必须遵守和贯彻以下基本原则。

一、基于风险的原则

将风险管理引入企业安健环管理，风险的基本含义是某一特定危险源造成伤害的可能性或概率。衡量风险是以危险发生频率与危害程度作为基本要素的，这一衡量方法就是风险评估，实际上在我们生活中一直在运用这种方法，比较明显的一个例子是我们经常看到的台风预报。

基于风险就是根据实际情况，一切从现场实际出发的原则，它包括危险的辨识和风险评估。任何一个管理要素都必须从这一基本点出发，如管理制度和管理标准的制定、作业程序和作业计划的编制、组织和机构的建立、培训和教育工作的开展等，如果脱离这一基础，那么安健环管理就没有根基。

二、过程管理的原则

风险管理要根据事故可能发生的不同阶段，对每个阶段进行风险管理，实现最佳效果。

三、超前控制的原则

在事故发生的全过程管理中，风险管理关口前移，超前控制是关键，这主要表现在：

（1）在事故发生前，通过风险评估，提前预测事故发生的可能性，控制风险，持续降低风险程度，制定措施，避免意外发生。

（2）通过事故预想、开展培训和演练、制定预防措施等方面的前移管理，当事故发生后能够及时启动应变系统，防止事故扩大，降低事故发生的严重性。

（3）将一些损失较大的风险，以保险形式，转移给第三方，在事故发生后，能够达到降低事故损失的目的。

四、系统的原则

安健环管理系统原则，一是表现在该管理系统是诸多环节，环环相扣，以达到控制危险或风险的目的。二是安健环管理的系统原则还体现在要将各个管理内容，通过有机整合，科学分类，形成密切配合、互相关联的一个管理体系。

五、全员履责的原则

基层员工是安健环管理的基础，他们每天都在现场工作，对安健环隐患最了解，如果将每一位员工都训练成一线安健环管理者，员工能够积极参与企业管理，发挥群体效应，那么实现安全生产，就能得到有效保证。安健环管理系统要做到的最基本原则就是能够将每一位员工锻炼成风险管理专家。

六、沟通和交流的原则

沟通和交流是通过人的五官来实现的，例如：说、听、看、闻、触摸等。沟通和交流的方式很多，如交谈、调查、询问等，通过沟通和交流，明确表达意图、传递信息，为安健环管理工作提供第一手资料，为管理层决策服务。

七、简单实用的原则

在安健环管理中，要求管理方法和程序尽量简单，易于落实。因此，在编制管理制度、开展培训和宣传、进行现场综合治理等方面，都要注意运作的方法。

八、持续改进的原则

实际上安健环管理体系是一个 PDCA［Plan（计划）、Do（执行）、Check（检查）和 Act（处理）］循环，对每个事件、每项管理都要持续改进，形成闭环管理。

九、三同时原则

新建、改建、扩建的项目，其安全、健康、环境保护设施和措施要与生产设施同时设计、同时施工、同时投产。

十、五同时原则

企业领导在计划、布置、检查、总结、评比生产的同时，进行计划、布置、检查、总结、评比安全、健康和环境保护工作。

十一、三同步原则

企业在策划发展规划、制定年度计划、进行技术改造时，安全、健康、环境保护等方面要同步规划、同步实施、同步投产。

十二、“四不放过”原则

发生事故后，要做到“四不放过”。

第三节　安全生产基本规律

一、安全周期规律

安全工作的力度大小、安全状况的优差好坏，是波动曲折的，不是直线运动。安全状况的波动与安全工作的波动呈反向运动。安全状况平稳的时候，正是松懈麻痹的时候，安全出现问题之后，往往开始发奋扭转被动局面。要永远保持居安思危、警钟长鸣，是难能可贵的危机意识，是最应该做到的。

二、人的安全理念升华规律

理念决定人的行为观念，文化决定人的价值观。当今一些安全管理好的企业，都是靠安全文化的长期建设取得的。

安全管理是一种实践，也是一门科学，在安全工作中，仅仅靠实打实、硬碰硬的指标往往是不够的，还必须在一种更深的层次、更宽的领域上认识和把握，这就需要借助安全文化的力量，以文化兴安全、管安全、保安全。长期的安全生产，使我们认识到，企业的安全 1 年靠的是侥幸、3 年靠的是机遇、5 年靠的是管理、那么 10 年就需要靠安全文化的长期建设。因此，抓安全，离不开文化，文化兴则安全兴。

三、人的生物节律变化规律

生物节律亦称“生物钟”，是一种自然现象。生物节律学说认为，人类最重要的节律有三个：即 23 天的体力盛衰周期，28 天的情绪波动周期和 33 天的智力强弱周期，也就是体力节律、情绪节律和智力节律。

当三个规律都接近各自的高潮期峰顶时，人的各方面的能力均可以最大限度地发挥出来，此时可以尝试去创造一些纪录；反之，三个节律都接近各自的低谷时，人就容易出差错，容易发生事故。

四、安全链条规律

企业的员工是协作劳动的群体，也就是一条环环相扣的链条，任何一个环节的断裂，都会危及整个链条，安全系数是与各个岗位连环的闭合程度有关的。

五、安全木桶定律

一只木桶盛水多少，取决于最短的那一根；安全工作的好坏，事故的发生，不是取决于大多数人，而是取决于数量极少的“三违”（生产作业中违章指挥、违章作业、违反劳动纪律）人物、危险人物、事故“苗子”。每个职工都是安全木桶中的一根木条，千万不能成为最短、最差的。

六、伤疤效应

安全生产最大的教训就是不接受教训。为防止悲剧重演，对各类安全事故的处理必须坚持做到“四不放过”。

七、人与设备、环境相对规律

安全生产是一个全员、全过程、全方位的工作，它涉及生产的各个方面、角角落落，其中有人的因素，也有物的因素，又有环境的制约。人的行为不安全、物的状态不安全和环境条件不安全，都可能造成事故。因此，要想保证安全生产，就必须树立一种“大安全观”的思维广度，围绕安全生产的各个要素，进行全面系统的整合，做到从宏观上掌控，最终才能心中有数，稳操胜券。

八、生产方式变化规律

生产作业场所不是一成不变的，有些在移动变化。在移动变化过程中，由于具有临时性，人不可避免地滋生将就、凑合、侥幸等观念和行为，对遵章作业、严守操作等规定容易抛弃脑后，从而产生事故。因此，动态的安全保证，是最重要的，也是最难实现的。

根据这一规律，打造本质安全型企业，不仅要实现静态的安全，更重要的是要确保动态的安全。对职工个人而言，要搞好安全生产，必须念好“三部曲”。一看：环境是否安全；二想：规程要求如何干；三干：确保安全才能干。做到“五不干”：没有履行工作手续不干、安全措施不落实不干、工作任务不清楚不干、自己心中无把握不干、上级违章指挥不干。

九、安全堤坝原理

安全的堤坝是由众多因素构成的，任何细小局部的隐患，都会危及堤坝，千里之堤溃于蚁穴，防患于未然，决不能让堤坝决口。安全来不得半点疏忽大意，容不得丝毫差错。每周组织的安全生产大检查、每月开展的隐患排查治理，目的就是查找问题与不足，堵塞安全管理漏洞，筑牢安全大堤。

十、球体斜坡原理

安全工作如同推球上坡，稍有懈怠松动，球体就会下滑。抓安全必须克服惰性，抓安全管理要有愚公精神——锲而不舍。

第三章　安健环基础建设

《中共中央国务院关于推进安全生产领域改革发展的意见》（中发〔2016〕32号）指出企业要不断增强企业内生动力，激发全社会创新活力，破解安全生产难题，推动安全生产与经济社会协调发展。所有企业都必须认真履行安全生产主体责任，做到安全投入到位、安全培训到位、基础管理到位、应急救援到位，确保安全生产。

第一节　安健环组织机构

安健环管理和监督机构设置和人员配置，是正常开展安全监督活动的前提，必须设置安全管理监督机构，择优足额选配安全管理监督人员，企业必须设置独立的安全生产管理监督机构。

一、安健环组织机构及人员配置原则

安健环管理是人力资源、生产组织、技术设备、承包商管理等的有机结合，企业要健全包括“四个责任体系”、安全生产委员会、安健环管理监察部门、义务消防队、三级安全监察网及三级环境保护监察网等安健环组织。

各单位领导班子成员中，应设置安全生产分管负责人或按要求设置安全总监，协助主要负责人履行安全生产管理职责。

专职安全监察工程师应持证上岗，安全员经过企业内部培训合格后上岗，人数要满足安全生产监督管理工作需要和有关法规的要求。

二、建立“四个责任体系”

完善的生产经营单位的安全管理体系应包括“四个责任体系”，即行政管理体系、安全技术支撑体系、安全生产实施体系和安全监督管理体系。

（1）行政管理体系。就是建立以总经理为主要责任人，各部门负责人为成员的安全行政管理体系。负责保证安全生产资源配置，正确处理安全生产与成本、效益的关系。

（2）安全技术支撑体系。就是建立以主管副总经理为主要责任人，相关部门负责人为成员的安全技术支撑体系，负责技术指导、安全生产技术保障和科技研发对安全生产的支撑。

（3）安全生产实施体系。就是建立以主管副总经理为主要责任人，相关部门负责人为组成成员的安全生产实施体系。负责强化生产组织管理，提高操作人员的安全生产意识，落实法律法规、标准、规程、制度，确保生产安全。

（4）安全监督管理体系。就是建立以主管副总经理为主要责任人，安健环管理监察部门人员、各部门安全员（可兼职）为组成成员的安全监督管理体系。组织安全监督检查、考核，督促各部门落实安全生产工作要求。

三、建立安全生产委员会和生态环境保护委员会

安全生产委员会（简称安委会）和生态环境保护委员会（简称环委会）是安全生产行政管理体系的重要组成，根据《中华人民共和国安全生产法》第二十一条规定，生产经营单位应按照有关法规的要求成立安委会，负责研究和审查本单位有关安全生产的重大事项，协调解决安全生产重大问题，统筹指导本单位的安全生产工作。安委会和环委会办公室应设在安健环管理监察部，负责日常工作。安委会和环委会办公室主任由安健环管理监察部门负责人担任。

安委会和环委会人员构成如下：

安委会和环委会由主任、副主任及成员组成，主任应由单位主要党政负责人担任，如果单位党政负责人分别由不同人员担任，可以采用双主任模式。副主任应由安健环主管负责人及其他主管领导担任。成员应包括主要生产经营领域及工会、人力资源、行政、法律、财务等业务领域部门负责人。有使用第三方的，应当将第三方主要管理人员纳入安委会和环委会成员。

四、安健环管理监察部门设置

《中华人民共和国安全生产法》第二十一条规定：矿山、建筑施工单位、道路运输企业和危险物品的生产、经营、储存单位，应当设置安全生产管理机构或者配备专职安全生产管理人员。前款规定以外的其他生产经营单位，从业人员超过 300 人的，应当设置安全生产管理机构或者配备专职安全生产管理人员。从业人员在 300 人以下的，应当配备专职或者兼职的安全生产管理人员。

垃圾发电企业属于环境保护企业的范畴，又有电力企业的属性，安健环管理工作专业性要求较高。从业人员总数超过 100 人且在 300 人以下的，应当设置安健环管理监察部门并配备不少于 3 人的专职安全生产管理人员。从业人员总数在 100 人以下的，应当配备 2 人的专职或者兼职安健环管理监察人员，可根据本单位的实际情况设置安健环管理监察部门。

五、对安健环管理监察人员素质的要求

安健环管理监察人员应具有注册安全工程师资质，单位的主要负责人和安全生产管理人员必须具备与本单位所从事的生产经营活动相对应的安全生产知识和管理能力。应定期接受政府负有安全生产监督管理职责的部门对其进行的安全生产知识和管理能力培训，并考核合格。

安全专业力量相对薄弱的单位，可结合实际，委托安全生产专业机构或专家，为本单位安全生产工作提供技术、管理服务。委托安全服务的单位，保证安全生产的责任仍由本单位负责。安健环组织机构登记表见表 3－1。

表 3－1　　安健环组织机构登记表

<table>
<tr><td rowspan="2">单位概况</td><td>单位名称</td><td>主要负责人</td><td>安全组织机构名称</td><td>部门数</td><td>班组数</td><td>职工总数</td><td>安全管理人数</td></tr>
<tr><td></td><td></td><td></td><td></td><td></td><td></td><td></td></tr>
<tr><td rowspan="4">组织机构成员概况</td><td>任命组织机构成员时间</td><td>成员姓名</td><td>学历</td><td>职务</td><td>职称</td><td colspan="2">备注</td></tr>
<tr><td></td><td></td><td></td><td></td><td></td><td colspan="2"></td></tr>
<tr><td></td><td></td><td></td><td></td><td></td><td colspan="2"></td></tr>
<tr><td></td><td></td><td></td><td></td><td></td><td colspan="2"></td></tr>
</table>

六、安健环监督网络

企业应按照法律法规和上级要求，建立涵盖外包单位在内的企业、部门、班组（值）三级安健环监督网络，包括三级安全监督网和三级环境保护监督网，明确三级安健环监督网的组成和职责，建立健全例会制度和工作制度。

三级安健环监督网应由企业安健环归口管理监察部门监督人员、部门（含外委承包商）安健环监督员、班组（值）（含外委承包商）安健环监督员组成。

第二节　安全生产责任制

安全生产责任制是企业岗位责任制的一个组成部分，是企业中最基本的一项安全制度，也是企业安全生产、生态环境保护管理制度的核心。

一、建立安全生产责任制的目的

为规范企业各级、各岗位的安全生产职责，构建安全生产管理、监督、技术支持、实施体系，防止和减少安健环事故事件，保障员工生命财产安全，维护企业经济效益和安全发展，应建立本企业的安全生产责任制。

二、安全生产责任制的定义

安全生产责任制是根据“安全第一，预防为主，综合治理”的安全生产方针，依据《中华人民共和国安全生产法》建立的各级领导、各级部门、各级人员在劳动生产过程中对安全生产层层负责的制度。应尽的安全责任包括安全生产职责、到位标准、考核标准和权限与义务四部分。

（1）安全生产职责。是指自觉遵守安全生产规章制度，并随时制止违章作业，掌握本职工作所需的安全生产知识，增加事故预防和应急处理能力。主动提出改进安全生产工作意见。爱护和正确使用机械设备、工具及个人防护用品等。

（2）到位标准。是指落实安全生产职责关键环节的具体行为和工作要求，具有可衡量、可考核的特点，与安全生产职责相对应。

（3）考核标准。是指根据到位标准对岗位安全生产职责尽责情况进行量化考核的标准。

（4）权限与义务。是指各级、各岗位人员在安全生产过程中拥有的权利与必须履行的义务。

安全生产责任制明示各级人员的安全生产责任，明示到每一个级别、岗位的安全责任，比如总经理的安全责任、操作人员的安全责任；安全生产责任制需要公示在每一个岗位上。安全生产责任制实际上就是该岗位应该负责的，保证安全生产的责任，比如人身安全、设备安全、消防安全等。

三、安全生产责任制要点

（一）一个基本原则

安全生产责任制基本原则为“党政同责、一岗双责、齐抓共管、失职追责”。生产经营单位的主要党政负责人是本单位安全生产第一责任人，对本单位的安全生产工作全面负责。

（二）四个管理体系

建立行政管理体系、技术支撑体系、生产实施体系和监督管理体系。

（三）四个责任

明确领导责任、技术责任、监督责任和现场管理责任。

（四）三管三必须

管业务必须管安全、管行业必须管安全、管生产经营必须管安全，做到职责分明，界限清晰。

（五）三个责任主体

企业是安全生产的责任主体，部门是企业的安全主体，班组（值）是部门的责任主体。

（六）五个到位

安全责任到位、安全投入到位、安全培训到位、基础管理到位和应急救援到位。

四、安全生产重在落实

《中华人民共和国安全生产法》规定生产经营单位应当建立相应的机制，加强对全员安全生产责任制落实情况的监督考核，保证全员安全生产责任制的落实，责任落实按谁主管，谁负责原则；谁主办，谁负责；谁审批、谁验收，谁负责；谁在岗，谁负责；谁检查，谁负责。

五、机构及人员的职责

安全生产责任制至少三年修订一次，当组织机构、业务领域、生产规模等发生变化时，应及时组织进行完善和修订。

（一）安委会职责

（1）贯彻执行党和国家安全生产的方针政策、法律法规和上级单位的文件、指示、要求。

（2）负责研究、部署、指导、协调安健环工作。

（3）制定安健环资金使用计划，确保投入有效实施。

（4）组织制定安全生产责任制，审定安全生产相关制度，监督落实执行。

（5）研究确定安健环的长远规划、年度计划和阶段性重点安全工作。

（6）组织领导有关部门积极改善职工劳动条件，减少和预防各类事故。

（7）监督安全生产日常工作，分析、研究、解决和企业有关安全生产工作重大事项。

（8）组织与参与重大以上安健环事故事件调查处置工作，并对涉事部门和人员提出处理意见及改进措施。

（9）组织定期工作会议，传达国家、上级安全工作要求、会议及文件精神，研究、部署、总结安全生产工作，决策安全生产工作中的重大事宜及措施计划。

（10）审批安全生产先进单位和个人，决定表彰事宜。

（11）负责安全文化建设的规划、决策。

（二）安健环管理监察部门职责

（1）全面负责安健环管理工作，对本单位安健环工作进行指导、监督、检查及考核。承担安委会办公室的日常工作。

（2）组织实施职业健康安全管理体系运行和安全生产标准化达标工作，配合认证审核工作。

（3）组织或参与制定安全生产责任制、安全生产规章制度，并监督执行。

（4）组织、指导和监督开展危险源辨识和隐患排查治理工作，督促落实重大危险源的安全管理措施，督促落实安全生产整改措施。

（5）参加事故的调查、处理、统计、上报工作，及时、如实向主管领导报告各类生产安全、环境保护事故。负责总结、分析安全生产情况，向安委会提出改进建议。监督、指导安全环境保护事件的调查、处理工作。

（6）根据工作需要，组织召开专题会，研究、通报安全生产工作情况。

（7）负责消防管理，监督、指导、检查消防工作落实情况。

（8）负责组织安全教育培训工作，如实记录安全生产教育和培训情况。

（9）负责应急管理工作，组织制定综合、专项应急预案，并组织培训演练，协助重大突发事件的应急救援工作。

（10）负责劳动保护和职业健康专项管理。

（11）负责组织开展安全生产检查、督查，制止和纠正违章指挥、强令冒险作业、违反操作规程的行为，定期反馈相关情况，提出安全生产改进建议。

（12）督促并落实安全生产整改措施。

（13）参与安全文化建设工作。

（三）安健环管理监察人员职责

（1）组织或者参与拟订安全生产规章制度、操作规程和安健环事故事件应急救援预案。

（2）组织或者参与安全生产教育和培训，如实记录安全生产教育和培训情况。

（3）组织开展危险源辨识和评估，督促落实重大危险源的安全管理措施。

（4）组织或者参与应急救援演练。

（5）检查安全生产状况，及时排查安全事故隐患，提出改进安全管理的建议。

（6）制止和纠正违章指挥、强令冒险作业、违反操作规程的行为。

（7）督促落实安全生产整改措施。

（8）督促本单位其他机构和人员履行安全生产职责，组织或者参与安全生产考核，提出奖惩意见。

（9）依法组织或者参与安健环事故事件调查处理。

（四）安全生产职责任务分工

企业主要人员及部门安全生产职责任务分工见表 3－2。

表 3－2　企业主要人员及部门安全生产职责任务分工

安全生产职责	党委书记	行政正职	生产副总经理	安监部	技术部	运行部
安全生产责任制		○		○		
安全文化建设	○			○		
外委管理			○			
外委监督			○	○		
合规管理		○		○	○	○
危险源评估			○	○		
危险源安全管理		○		○		
危险化学品安全管理			○			○
危险化学品安全监督		○		○		
反事故措施制定、监督实施		○			○	

续表

安全生产职责	党委书记	行政正职	生产副总经理	安监部	技术部	运行部
安全措施制定、监督实施			○		○	
操作票			○			○
工作票			○		○	
事故事件管理		○		○		
应急管理		○		○		
两票监督管理			○	○		
特许经营安全监督			○	○		
外包工程安全监督			○	○		
外包工程安全管理			○	谁发包，谁负责		
季节性安全检查			○	○		
安全风险评估			○	○		
安全防护用品			○	○		
特种作业人员			○	○		
特种设备			○		○	
消防监督管理		○		○		
交通安全		○	按部门分工			
安全设施标准化			○	○		
安全奖惩		○		○		
安全生产月活动		○		○		
锅炉压力容器安全监督			○		○	
职业健康		○		○		
安全教育培训		○		○		
环境保护			○	○		○
月度安全分析会、安委会会		○		○		

第三节 安健环目标

安健环目标是为完成企业年度安健环工作，根据上年实际和上级提出的工作任务而设定的年度安全生产目标。安健环目标要形成文件下发，并与各部门、员工签订目标责任书。

安全管理的最高目标是实现本质安全。实际上，由于设备、技能、技术、资金和管理者、操作者对事故控制的认知等原因，目前还很难做到真正的本质安全，只能作为追求的奋斗目标。

一、制定安全目标的原则要求

安全目标的制定要切合实际，整合一致。各级安全目标必须符合或严于上级下达的安全目标，要在企业总体目标的指导下，形成个人向班组（值）、班组（值）向部门、部门向企业负责的层级管理。

（一）直接目标

根据部门或企业下达的产量、质量、安全、环境保护、工艺指标、设备完好率等确定安全直接目标，部门的目标要服从企业的总体目标。

（二）相邻目标

根据工作中相邻关系，以及不同部门、班组（值）业务联系来确定安全相邻目标。各部门目标要协调均衡，正确处理好主、次目标之间的主从关系，以保证总体目标的实施。

（三）目标控制

安全生产目标要做到四级控制。

（1）企业控制较大及以上事故，杜绝重伤及以上人身事故。

（2）部门控制障碍，杜绝轻伤及以上人身事故。

（3）班组（值）控制未遂和异常，不发生障碍。

（4）个人控制失误和差错，杜绝违章，不发生人身未遂和异常。

二、制定程序

企业年度安全生产目标由安委会办公室或安健环管理监察部门组织制定，安委会审议通过。

三、目标主要内容

（1）人身安全目标。

（2）设备安全目标。

（3）消防安全目标。

（4）交通安全目标。

（5）环境保护目标。

（6）风险评估整改目标。

（7）职业健康目标。

（8）维稳和群体事件目标。

安全要做到零死亡、零伤害、零违章，生态环境保护要实现烟囱不冒烟、厂房不冒气、污水不排放、尾气不超标、灰渣再利用，职业健康要做到零职业健康伤害。

四、目标管理

企业安健环目标确定后，目标要分解到部门、班组（值）、个人，每个部门以至每个职工，要从上到下围绕安健环总目标层层分解，制定分解目标和行动方针，安排工作计划，实施有效组织措施，并对成果进行考核。

公司党政领导对公司总目标负责，同时对各部门的分目标提出要求。部门负责人对本部门的目标负责。

安全目标的分解要着重于展开，逐个落实。对具体目标要做量值数据化。班组（值）的安全管理、安全教育、安全活动、隐患整改都要用数值反映，用定量为主的数据指标代替定性为主的形式内容，使班组（值）安全目标反馈出的各种数据真实、清晰、完整、准确。

五、目标考核

以安全责任促进安全目标的落实。要把考核个人的主要经济技术指标与安全工作目标纳入岗位安全生产责任制中，以百分制或其他进行考核。

班组（值）安全目标的考核要和安全生产责任制挂钩。要避免考核时重“硬”、轻“软”的倾向，更不能以“硬”指标掩盖或取代“软”指标。

应每月对各部门安健环目标实现情况进行考核，对目标完成情况进行分析、总结、奖惩，对存在的问题制定措施进行整改。在考核中，一是要从严从实，二是要认真把关。对于经济技术指标和班组（值）安全管理指标，严格按照定量要求进行考核，做到不降标准、不漏项目。日常考核由安全管理监察部门负责，重大问题及时报主管领导，并制定整改措施。对于安全文化建设方面的定性指标，则要特别注意考核知识技能、安全行为、进取精神、劳动态度、团结协作等。

第四节　安健环合规管理

一、依法合规管理是企业的义务

企业依法合规管理要由主要领导负责，遵守法律、法规，杜绝违法违规生产。在安健环方面要落实安全生产主体责任，要严格按照法律、法规要求开展双重预防机制建设、持证上岗、重大危险源备案等依法合规工作。

二、依法合规工作清单

垃圾发电企业安全依法合规工作清单见表3-3。

表3-3　垃圾发电企业安全依法合规工作清单

工作名称	法律法规依据	主管机构	具体要求
对安全生产条件进行预判	《建设项目安全设施“三同时”监督管理暂行办法》	安健环管理监察部门	完成《安全预评价报告》，向安健环管理监察部门备案

续表

工作名称	法律法规依据	主管机构	具体要求
地震安全评价	《中华人民共和国安全防震减灾法》《地震安全性评价管理条例》	地震局	取得地震安全评价批复文件
地质灾害危险性评估	《国务院地质灾害防治条例》	国土资源部门	取得地质灾害危险性评估
编制建设项目初步设计报告安全专篇	《建设项目安全设施“三同时”监督管理暂行办法》	安健环管理监察部门	向安健环管理监察部门备案，取得安全专篇备案函
建设项目安全设施“三同时”	《建设项目安全设施“三同时”监督管理暂行办法》	安健环管理监察部门	设计文件未通过安健环管理监察部门的审查批准的，不得开工建设
执行电力生产事故统计报告制度	《安健环事故事件报告和调查处理条例》《电力安全事故应急处置和调查处理条例》	安健环管理监察部门	电力生产事故报告及时、准确、完整
特种设备投入使用前必须检验合格	《中华人民共和国特种设备安全法》	特种设备安全监察管理部门	特种设备投入使用前必须检验合格，未经检验不得使用
申请《建设项目安全设施竣工验收评价报告》备查或备案	《建设项目安全设施“三同时”监督管理暂行办法》《中华人民共和国安全法》	安健环管理监察部门	取得《建设项目安全设施竣工验收评价备案意见书》
组织特种设备检验取证工作	《中华人民共和国特种设备安全法》《中华人民共和国安全生产法》	特种设备安健环管理监察部门	取得特种设备安全使用证
企业主要负责人和安全生产管理人员取得安全生产岗位培训合格证书	《中华人民共和国安全生产法》《生产经营单位安全培训规定》	安健环管理监察部门	经考试合格，取得培训证，每年再培训时间不少于12h
特种作业取证	《特种设备安全监察条例》	特种设备安健环管理监察部门	取得证书
重大危险源备案	《危险化学品重大危险源监督管理暂行规定》	安健环管理监察部门	及时备案，取得备案文件
应急预案评审、备案	《电力企业应急预案管理办法》	国家能源局	取得备案登记表
特种设备年检	《中华人民共和国特种设备安全法》	特种设备安健环管理监察部门	取得年检合格证
消防设计文件审核备案	《中华人民共和国消防法》	消防主管部门	将消防设计文件报公安机关消防主管部门备案
消防验收	《中华人民共和国消防法》	消防主管部门	通过验收
消防安全重点单位及其消防安全责任人、消防安全管理人备案	《企业消防安全管理规定》	消防主管部门	及时备案
消防设施年检	《中华人民共和国消防法》	消防主管部门	取得年检合格文件

垃圾发电企业职业健康依法合规工作清单见表3-4。

表 3-4　　垃圾发电企业职业健康依法合规工作清单

工作名称	法律法规依据	主管部门	具体要求
职业病危害预评价报告	《中华人民共和国职业病防治法》	安健环管理监察部门	完成《职业病危害预评价报告》，报安健环管理监察部门审核批复
职业病防护设施设计审查	《中华人民共和国职业病防治法》	安健环管理监察部门	经安健环管理监察部门审查符合职业健康标准和卫生要求的，方可施工
建设项目职业病防护设施"三同时"	《建设项目职业健康"三同时"监督管理暂行办法》	安健环管理监察部门	建设项目职业病防护设施必须与主体工程同时设计、同时施工、同时投入生产和使用
职业病危害控制效果评价	《中华人民共和国职业病防治法》	安健环管理监察部门	竣工验收时经监管部门验收合格
职业危害因素定期监测、评价、报告	《工作场所职业健康监督管理规定》	安健环管理监察部门	按规定监测，并报告备案

垃圾发电企业生态环境保护依法合规工作清单见表 3-5。

表 3-5　　垃圾发电企业生态环境保护依法合规工作清单

工作名称	法律法规依据	主管部门	具体要求
编制环境影响报告书	《中华人民共和国环境保护法》	生态环境保护部门	取得环境影响报告书批复文件
编制建设项目水土保持方案	《中华人民共和国水土保持法》《中华人民共和国水土保持法实施条例》	水行政主管部门	取得水土保持方案批复文件
建设项目防治污染设施"三同时"	《中华人民共和国环境保护法》	生态环境保护部门	必须符合"三同时"要求
建设项目水污染防治设施"三同时"	《中华人民共和国水污染防治法》	生态环境保护部门	必须符合"三同时"要求
对防治污染的设施进行环境保护验收	《中华人民共和国环境保护法》	生态环境保护部门	取得验收合格批复文件
水土保持方案验收	《中华人民共和国水土保持法》	水行政主管部门	取得批复文件
取得排污许可证	《中华人民共和国消防法》	生态环境保护部门	取得排污许可证
污染物达标排放	GB 18485《生活垃圾焚烧污染控制标准》、GB 12348《工业企业厂界环境噪声排放标准》	生态环境保护部门	污染物排放数据上传，并接受监管

第五节　安健环管理制度

安健环管理制度指依据国家有关法律、法规及上级公司有关规定，结合企业实际制定的具有强制性、持续性、普遍性效力的规范性文件，包括制度、规定、办法、实施细则、管理标准等。

安健环管理体系运行需要层层支持的文件系统来支持。一般的做法是先按照体系要素，依照国家相关法律、法规，结合行业规范制定一套符合体系要求的控制程序；再按程序要求，分门别类制定管理办法、管理制度、技术标准、作业标准、相关记录台账等，这样才能形成一整套环环相扣的体系文件。

管理体系文件应以规范的程序、预控式的思维全面管理安健环工作，也要综合反映管理层对企业在安健环管理上的基本要求。

一、安健环管理体系文件编写原则

管理体系文件的编写应遵循以下原则。

（一）合法合规

符合法律、规范、标准及上级有关要求。

（二）统一

各项制度协调统一、承接有序，同类制度应相互关联、衔接配套，下级制定的制度不得与上级制度相抵触。

（三）规范

制度管理职责分工明确、流程清晰、措施有效、奖惩到位。

（四）普适

制度能在一定时间、一定范围内普遍适用。

（五）可操作

制度条款规定明确、内容具体、符合实际，便于落实。

二、管理体系文件框架

管理体系应划分成不同的子系统，各子系统间关联且有机构成，相互保证与支持，形成一个闭环系统体系文件。这些子系统构成了一个安健环管理体系的架构，包括但不限于以下几个子系统。

（一）职责、权限管理子系统

职责、权限管理子系统包括各级人员职责、管理权限、管理范围。

（二）风险分级防控和隐患排查治理管理子系统

风险分级防控和隐患排查治理管理子系统包括风险分级防控管理总则、风险评估管理制度、未遂管理标准、工作安全分析法及风险分级管控和隐患排查治理、安全隐患管理标准等。

（三）安全管理子系统

安全管理子系统包括安全管理总则、安全目标管理制度、事故事件调查与分析制度、特种设备管理标准、安全措施与反事故措施管理标准、安全例行工作管理标准、动火工作票管理标准等。

（四）应急管理子系统

应急管理子系统包括应急管理总则、应急预案管理制度等。

（五）环境保护管理子系统

环境保护管理子系统包括环境保护管理总则、环境保护管理制度、环境保护监察管理标准、废物处置标准等。

（六）危险物品管理子系统

危险物品管理子系统包括危险物品管理总则、危险废物处置技术管理、易燃气体防爆管理标准等。

（七）职业健康管理子系统

职业健康管理子系统包括职业健康危害控制、员工健康监护档案、职业病危害防护设施和个人防护用品管理等。

安健环管理体系文件框架如图 3－1 所示。

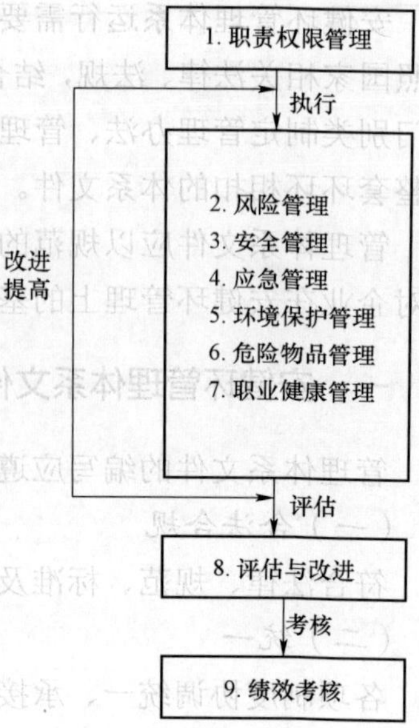

图 3－1　安健环管理体系文件框架

三、安健环管理体系文件分级

安健环管理体系文件应分四个层级。

第一级：管理办法。包括管理层提出的管理要求和系统文件，如安全管理办法，制定了各方在安全管理工作上的工作界限、职责划分。

第二级：管理制度。是满足管理要求的工作程序，如安全事故分析制度，制定了安全事故分析工作的程序、方法和要求。

第三级：满足管理要求和工作程序的具体工作标准，如管理细则、操作规程、安全作业标准等。

第四级：台账、记录、报表等。

安健环管理体系文件分级如图 3－2 所示。

图 3－2　安健环管理体系文件分级

四、体系文件编制流程

（一）计划

每年年底有关部门应制定下年度安健环管理制度编制、修编计划。

（二）文件起草

（1）文件修编的责任部门组织起草工作。

（2）初稿应经过责任部门内部讨论，必要时应征询相关部门和使用部门意见。

（3）确保文件符合上级要求，与现行制度协调衔接。

（4）履行部门内部审核、法律合规部门和主管领导审核程序。

第六节 安健环会议

一、会议类别

安全会议分为安委会会议、环委会会议、公司安全例会、事故分析会等。

（一）安委会/环委会会议

安委会/环委会会议主要研究、讨论如何贯彻执行国家、行业和上级的安健环方针、政策。审定、分解考核公司的目标管理计划及执行情况，研究解决重大隐患，协调各部门的分工和协作。会议议题由主持人确定并提前通知各成员。会议实行签到制度，各成员不能出席会议时，须在会议召开前向主持人请假，并应提出对会议议题的意见和建议。

（二）公司安全例会

公司安全例会安排公司日常安健环管理工作，审定并通过对重大事故的处理决定和通报，检查上阶段的安全生产工作，部署下阶段的安全生产工作。传达贯彻上级有关安全生产方面的方针政策有关文件，并研究提出本企业的贯彻落实措施等。

二、安全会议召开期限

生产型单位安委会会议每季度召开一次，由安委会办公室召集，安委会主任或副主任主持，全体委员参加，时间、地点、会议形式由召集人决定。安健环工作例会每月至少召开一次，其他安健环专题会、安健环临时会根据需要召开。

会议形成纪要或决议，由会议主持人签发，报送上级主管部门，印发各部门。安委会印发的报告、意见、规定、办法、通报等重要文件由安委会主任或主任委托的副主任签发，安委会办公室文件由安委会办公室主任签发。

第七节 安健环费用

安健环费用是指企业按照规定标准提取，在成本中列支，专门用于完善和改进企业安健环生产条件的资金。

《中华人民共和国安全生产法》要求生产经营单位应当具备的安全生产条件所必需的资金投入，由生产经营单位的决策机构、主要负责人或者个人经营的投资人予以保证，并对由于安全生产所必需的资金投入不足导致的后果承担责任。

一、安健环费用投入基本原则

安健环费用投入提取和使用应按照“预算管理、确保需要、专款专用、规范使用”的原则进行财务管理，并纳入企业年度预算。

二、安健环费用投入依据

（1）国家颁布的相关法律法规及各级政府发布的标准。

（2）整治安健环检查中发现的，尚未解决的，影响安全生产的问题。

（3）预防火灾、爆炸等，对预防职业危害、工伤事故等所采取的技术措施。

（4）影响安全生产和生态环境保护的重大隐患。

（5）稳定和发展生产所必需的安全技术措施，以及员工提出的有利于安全生产、生态环境保护的合理化建议。

三、安健环费用使用职责

（1）企业第一责任人对安健环费用全面管理，负责年度预算计划审批、经费使用报告签呈。

（2）企业财务部负责对费用资金统一进行预算管理、审核费用提取和使用进度等，做好资金的投入落实，负责建立费用台账，确保资金投入及时使用。

（3）企业安全部负责编制年度费用投入计划，审核各部门安健环费用预算，监督检查费用投入计划的落实情况，建立安健环费用投入台账。

（4）安健环费用实行预算管理控制。按规定范围和用途进行安排使用，不得挪用和他用。费用超出预算的，报主管领导审批后执行。

四、安健环费用控制要求

结合实际工作情况，提取安健环专项费用。安健环资金使用应做到“三到位”，即“责任到位、措施到位、资金到位”，在具体项目实施上应做到“四定”，即定项目、定措施、定责任人、定期限。

五、安健环费用使用范围

（1）安全技术措施。

1）完善、改造和维护安全防护设备实施。

2）安全评价、重大危险源监控、事故隐患评估和整改。

（2）安健环宣传教育培训。

1）对职工进行的安健环教育（包括三级安全教育、特种作业取证、安健环知识讲座等）的费用。

2）安全活动月、六五环境日、消防月、交通安全等各类安健环专项活动费用。

3）安全警示标识标语、宣传栏等费用。

（3）设备设施安全性能检测检验。

（4）应急救援器材、装备的配备及应急救援演练。

1）应急救援设施（安全通道、消防器材、抢险救灾的工程设施及器具、标志、检测报警仪器、通信器材等）、设备、用具或用品等。

2）应急救援组织办公费用。

3）应急救援培训及演练费用。

（5）安健环奖励投入。安健环生产先进集体和安健环先进个人的奖励。

（6）安全标准化体系建设、双重预防机制建设投入的相关费用。

（7）其他与安健环直接相关的物品或活动的支出。

六、安健环费用预算标准

费用预算标准应结合《企业安全生产费用提取和使用管理办法》（工通信函〔2023〕9号）第十六条、第三十一条。

（1）营业收入不超1000万元以下的，按照3%提取。

（2）营业收入超过1000万～1亿元的部分，按照1.5%提取。

（3）营业收入超过1亿～10亿元的部分，按照1%提取。

安健环费用预算统计表如表3－6所示。

表3－6　　安健环费用预算统计表

费用类别		金额（万元）
1	完善、改造和维护安全防护设施设备费用	
1.1	完善、改造和维护监控、监测设施设备费用	
1.2	完善、改造和维护通风、防晒、调温设施设备费用	
1.3	完善、改造和维护防火、灭火、防爆、泄压设施设备费用	
1.4	完善、改造和维护防毒、消毒、中和、防潮设施设备费用	
1.5	完善、改造和维护防雷、防静电设施设备费用	
1.6	完善、改造和维护防腐、防渗漏、防护围堤或者隔离操作等设施设备费用	
2	配备、维护、保养应急救援器材、设备和应急演练费用	
2.1	配备、维护、保养应急救援器材、设备、物资费用	
2.2	应急预案编制、咨询、备案等费用	
2.3	应急演练费用	
3	开展重大危险源和事故隐患评估、监控和整改费用	
4	安全生产检查、评价、咨询和标准化建设费用	
4.1	安全生产检查、评价、咨询等费用	

续表

费用类别		金额（万元）
4.2	安全生产检查、评价、咨询等发现问题的整改费用	
4.3	安全标准化建设费用	
5	配备和更新现场作业人员安全防护用品费用	
5.1	工作服、安全帽、安全鞋、眼镜、手套等常规劳动保护费用	
5.2	气体防护：空气呼吸器、防毒面罩等费用	
5.3	应急药品费用	
6	安全生产宣传、教育、培训费用	
6.1	安全生产宣传：各项安全、职业健康、环境保护、消防等现场标识标牌、条幅、展板、宣传册、书籍等费用	
6.2	安全生产教育：各项安全技能、意识、文化教育，聘请教育机构、老师（含内部培训师）费用	
6.3	安全生产培训：安健环管理监察人员、特种设备人员、消防人员等认证培训费用	
7	安全生产适用的新技术、新标准、新工艺、新装备的推广应用费用	
8	安全设施及特种设备检测检验费用	
9	安全检测设备及电气安全工器具购置、校验费用	
10	消防、气防费用	
10.1	消防、气防设备和设施的配备、维护、保养等费用	
10.2	消防、气防设备和设施年检等费用	
11	职业健康费用	
11.1	职业病危害因素定期检测与评价费用	
11.2	职业健康设备和设施的完善、维护、保养等费用	
11.3	职业健康体检及职业病防治费用	
12	环境保护费用	
12.1	环境保护检测，环境保护设备、设施检测费用	
12.2	环境保护问题整改费用	
13	政府机构安委会等费用	
14	其他与安全环境保护直接相关的费用	
总计		

第八节　安健环管理例行工作

安健环管理日常例行工作包括班组（值）安全日活动，班前会和班后会，安全分析会，安健环检查，编写安全简报、通报、快报，安全宣传教育和技术培训，“两措”（反事故措施和安全技术劳动保护措施）计划，事故事件调查、分析等。

一、月度例行工作

（1）填报安健环月度统计数据。

（2）编制安健环月报、总结。

（3）召开月度例行安健环例会。

（4）开展例行安全监督检查、环境保护监督。

（5）开展安健环培训、应急预案演练等。

（6）月度“两票”执行情况检查。

（7）监督统计重大危险源评估问题整改计划完成情况。

（8）监督统计安全风险评价问题整改计划完成情况。

（9）按照应急预案的演练计划，完成演练，形成演练总结。

（10）现场检查反违章工作开展情况。

（11）抽查班组（值）安全日活动。

（12）监督班组（值）“三讲一落实”工作开展情况。

（13）外包工程队伍安全监督。

（14）组织开展违章统计分析。

（15）上报风险分级管控和隐患排查治理工作开展情况。

（16）监督“安全措施计划”完成情况。

（17）准备安委会和环委会会议材料。

二、各月度专项工作

（一）一月

（1）召开上年度安委会会议，分析上年度安全生产形势，部署下年度安全生产重点工作。

（2）下发安全生产文件，明确年度安全生产目标及安全生产重点工作。

（3）逐级签订《安全生产目标责任书》，监督逐级制定实现安全目标的保证措施，员工填写《员工安全承诺书》。

（4）下发本企业年度现行有效的安全管理制度清单。

（5）组织开展元旦、春节安全大检查。做好双节期间安全值班及值班值守抽查。

（6）组织工作许可人、工作负责人、工作票签发人、动火负责人培训，经考试合格后以正式文件下发合格人员名单。

（7）参与安全生产先进单位、个人的评优选先工作。

（二）二月

（1）做好双节期间安全值班及值班值守抽查。

（2）组织开展上半年培训、安全活动竞赛及资格考试工作。

（3）监督开展重大危险源安全评估。

（4）开展危险化学品专项检查。

（5）完成年度重大危险源安全评估并上报评估报告。

（6）组织开展保“两会”安全检查，制定保“两会”措施。

（7）梳理摸底企业主要负责人、安全生产管理人员、特种设备作业人员取证情况。

（三）三月

（1）开展春季专项安全检查。

（2）制定春季安全生产专项活动方案。

（3）开展春季消防大检查。

（4）监督落实保“两会”各项措施。

（5）组织开展春季安全大检查。

（6）组织全员开展《电业安全规程》《电力设备典型消防规程》及安全规章制度考试。

（四）四月

（1）编制第一季度安全工作报告。

（2）组织召开第一季度安委会工作会议。

（3）更新安全风险、隐患管理台账。

（4）进行一季度安全考评工作。

（5）部署“五一国际劳动节”期间安全生产工作。

（6）上报春季安全大检查总结，组织制定问题整改计划，并监督落实。

（7）汛前检查（南方企业）。

（五）五月

（1）做好“五一国际劳动节”假日期间安全值班及值班值守抽查。

（2）编制下发安全生产月活动实施方案和六五环境日活动方案。

（3）制定夏季安全生产专项活动方案。

（4）制定安全月活动方案。

（5）组织防汛安全检查（北方企业）。

（六）六月

（1）组织开展安全月、六五环境日专项活动。

（2）做好端午节期间安全值班及值班值守抽查。

（3）组织下半年度公司安全培训和应急演练工作。

（4）开展安全月专项检查。

（5）对春查整改情况进行复查。

（七）七月

（1）编制上半年度安全工作报告。

（2）组织召开年中安委会会议。

（3）上报上半年安全工作总结，进行二季度安全考评工作。

（4）开展夏季“五防”（防雨防洪、防雷电、防中暑、防触电、防中毒）活动、对渗滤液等易燃易爆场所的专项排查工作。

（5）编写安全月、环境日活动总结报告。

（八）八月

（1）对夏季安全生产进行抽查，监督夏季“五防”安全措施落实。

（2）制定秋季消防工作方案。

（3）依法合规专项检查。

（九）九月

（1）部署中秋节、国庆节期间安全生产工作，组织开展中秋节、国庆节安全专项检查。

（2）做好中秋节假日期间安全值班及值班值守抽查。

（3）开展秋季安全大检查。

（十）十月

（1）监督国庆期间各项安全措施落实。

（2）做好中秋节假日期间安全值班及值班值守抽查。

（3）编制三季度安全工作报告。

（4）组织召开三季度安委会工作会议。

（5）进行三季度安全考评工作。

（6）汛后检查。

（十一）十一月

（1）编写下发119消防宣传日工作实施方案，组织开展宣传、学习和培训活动。

（2）开展冬季安全检查工作。

（3）组织制定下年度安全技术劳动保护措施计划（“安措计划”）。

（4）上报秋季安全大检查总结，组织制定问题整改计划并监督落实。

（十二）十二月

（1）组织开展岁末年初安全检查工作。

（2）部署元旦、春节期间安全生产工作。

（3）编制本年度安全工作总结。

（4）编制下年度安健环预算计划。

（5）制定下年度安全培训计划、安全检查计划、专项活动计划、“两措”计划等。

（6）对秋查整改情况进行复查。

（7）组织制定下年度安全生产文件。

（8）特种设备专项检查。

（9）每年组织修订应急预案。

（10）每年组织一次风险评估内审。

第九节　安　全　检　查

《中华人民共和国安全生产法》规定，生产经营单位的安全生产管理人员应当根据本单位的生产经营特点，对安全生产状况进行经常性检查。企业应建立并严格执行安全检查督查制度，建立安全检查表、检查台账等。安全检查一忌流于形式；二忌无重点、无目的，走马观花；三忌只查不改。

一、检查类型

安健环检查一般从检查主体来分，分为上级检查、政府主管部门检查和本企业内部检查，从检查类别来分，分为综合检查、专项检查、日常检查、季节性检查、节假日检查和不定期检查等。

（一）综合检查

综合检查由企业的各级管理者，如主要负责人、部门负责人、安健环管理监察人员等参加，开展全方位安健环检查和监督。综合检查要从现场的问题去反诉管理的问题，因此，这种检查能提升安全的管理水平。

（二）专项检查

专项检查是专业技术人员、关键的操作人员、安健环管理监察人员、部门负责人针对专项的事项开展的检查，如临时用电专项检查、有/受限空间[1]专项检查等。有限空间是封闭或部分封闭，与外界相对隔离，出入口较窄，作业人员不能长时间在内工作，自然通风不良，易造成有毒有害气体积聚或氧含量不足的空间；受限空间是出入口受限，通风不良，可能存在易燃易爆、有毒有害物质或缺氧，对进入人员的身体健康和生命安全构成威胁的封闭、半封闭设施及场所。有限空间强调的是进、出口较为狭窄，受限空间强调的是进入和撤离该区域受到限制，不能自如进、出。

（三）日常检查

日常检查是一线的员工、基层管理人员包括班组（值）长，针对操作风险和专项风险要做的检查，日常检查更多的是防范一些小的安全事故。

（四）季节性检查

季节性检查是各级管理人员、安健环管理监察人员，根据季节特点和风险开展的检查。

（五）节假日检查

节假日（如元旦、春节、五一国际劳动节、国庆节等）安健环检查是为保证节假日期间

[1] 有限空间出自《工贸企业有限空间作业安全管理与监督暂行规定》［国家安全生产监督管理总局令　第80号（2015年）］。受限空间出自GB 30871—2022《危险化学品企业特殊作业安全规范》。

（包括节前、节中和节后）的安全生产稳定，由主要负责人、各级管理人员、安健环管理监察人员和操作人员开展的检查。

（六）不定期检查

不定期检查包括新、改、扩建装置（技术、材料、工艺等）试运、运行、投产验收的检查。装置开停工前、检修后检查，以及临时性专业检查和运营出现问题必须进行的安健环检查。

二、基本原则

上级安健环检查，检查出的隐患由所属企业负责整改，并向上级主管部门提交整改报告，上级主管部门对其进行监督、检查。

企业级安健环检查，由企业领导带队，各部门负责人以及各专业管理人员参与的大检查，至少每季度进行一次。检查出的隐患由本单位安健环管理监察部门负责汇总，分别提交有关专业部门组织整改，并对整改情况进行跟踪监督。

三、检查资料

安全检查应建立安全检查表、台账和整改通知书等资料，各类安健环检查的检查结果和整改情况资料应至少保存3年。

（一）检查表

上级公司对所属企业的检查，可参考表3－7进行。

表3－7　　安全检查表

序号	项目	内容	标准分	评分标准	实得分
1. 安全组织机构和职责（20分）					
1.1	现场文明领导小组及安全组织机构	成立以主要负责人为领导的现场文明生产领导小组及安全组织机构，明确机构的组成和职责，建立健全工作制度和例会制度	5	（1）未成立现场文明生产领导小组及安全组织机构并建立相关制度，不得分。 （2）未按规定召开会议或会议记录不完整，扣2分/次	
1.2	安全生产责任制	（1）制定符合要求的安全生产责任制，明确各部门、各岗位人员安全生产责任。 （2）各岗位人员要认真履行岗位安全生产职责，严格落实安全生产规章制度。 （3）应建立责任追究制度，对安全生产职责履行情况进行检查、考核	10	（1）未制定安全生产责任制或安全生产责任制未有效落实造成事故，不得分。 （2）人员安全职责未体现岗位工作相关性，未落实安全生产责任制，扣5分	
1.3	专人负责	指定专人负责安健环监督、检查、管理工作	5	未指定专人负责安健环监督、检查、管理工作，不得分	
2. 合规管理与安全管理制度（40分）					
2.1	安全生产规程	（1）应配备国家及电力行业和危险废物处置行业有关安全生产规程。 （2）应编制运行规程、检修规程、设备试验规程等有关规程。 （3）应将有关安全规程发放到相关岗位	20	（1）未明确各部门、岗位应配备的规章制度，扣2分/项。部门、班组（值）、岗位没有获取到最新的安全生产规程，扣1分/项。 （2）编制的安全规程内容不全或不符合要求，扣2分/项	

续表

序号	项目	内容	标准分	评分标准	实得分
2.2	文件和档案管理	（1）严格执行文件和档案管理制度，确保规章制度、规程编制、使用、评审、修订的有效性。 （2）建立主要安全生产过程、事件、活动、检查的安全记录档案，并加强对安全记录的有效管理。安全记录至少包括值班日志、巡检记录、检修记录、不安全事件记录、事故事件调查报告、安全生产通报、安全日活动记录、安全会议记录、安全检查记录等	20	（1）未建立档案管理制度，没有按制度执行，不得分。 （2）未按规定做好安全台账、记录，每缺少一项或一次扣 2 分。 （3）安全台账、记录内容不全面或不具体，每项扣 1 分	
3. 安全教育培训（60 分）					
3.1	教育培训管理	（1）明确安全教育培训主管部门或专责人，按规定及岗位需要，定期识别安全教育培训需求，制定、实施安全教育培训计划，提供相应的资源保证。 （2）做好安全教育培训记录，建立安全教育培训档案，实施分级管理，并对培训效果进行评估和改进	10	（1）安全教育培训主管部门或专责人不明确，扣 3 分。 （2）没有教育培训计划，未建立安全教育培训记录和档案，扣 3 分。 （3）没有培训效果评估报告，扣 2 分	
3.2	生产岗位人员教育培训	（1）每年对生产岗位人员进行生产技能培训、安全教育和安全规程考试，使其熟悉有关的安全生产规章制度和安全操作规程，掌握触电急救及心肺复苏法，并确认其能力符合岗位要求。其中，班组（值）长的安全培训应符合国家有关要求，工作票签发人、工作负责人、工作许可人、动火负责人须经安全培训、考试合格并公布。 （2）新入厂员工在上岗前必须进行厂、部门、班组（值）三级安全教育培训，岗前培训时间不得少于 24 学时。危险性较大的岗位人员应熟悉与工作有关的氧气、氢气、氯气、乙炔、六氟化硫、酸、碱、油等危险介质的物理、化学特性。 （3）生产岗位人员转岗、离岗三个月以上重新上岗者，应进行部门和班组（值）安全生产教育培训和考试，考试合格方可上岗。 （4）特种（设备）作业人员应按有关规定接受专门的安全培训，经考核合格并取得有效资格证书后，方可上岗作业。离开特种作业岗位达 6 个月以上的特种作业人员，应当重新进行实际操作考核，经确认合格后方可上岗作业	30	（1）工作票签发人、工作负责人、工作许可人、动火负责人未经安全培训、考试合格并公布的或特种（设备）作业人员未取证上岗的，不得分。 （2）现场作业人员未按要求进行安全生产规程考试或考核不合格仍进行作业，扣 1 分/人。 （3）新入厂人员未进行安全生产三级教育的，扣 1 分/人。 （4）现场作业人员不会紧急救护法的，扣 1 分/人。 （5）相关人员不会使用防毒、防窒息等用品的，扣 1 分/人	
3.3	其他人员教育培训	（1）应对相关方人员进行安全教育培训。作业人员进入作业现场前，应由作业现场所在单位对其进行现场有关安全知识的教育培训，并经有关部门考试合格，存档备查。 （2）应对参观、学习等外来人员进行有关安全规定和可能接触到的危害及应急知识的教育和告知，并做好相关监护工作	10	（1）对相关方人员未进行安全教育培训或未存档备查，扣 1 分/人。承包方未经考试或考试不合格进入生产现场，扣 1 分/人。未进行安全技术交底，扣 1 分/次。 （2）未对外来人员进行安全教育和告知的，扣 1 分/人。临时用工上岗前未进行培训，未经考试合格，扣 2 分	

续表

序号	项目	内容	标准分	评分标准	实得分
3.4	安全文化建设	（1）应制定安全文化建设规划纲要，重视安全文化建设，营造安全文化氛围，形成安全价值观，促进安全生产工作。 （2）应开展多种形式的安全文化活动，引导从业人员安全态度和安全行为，形成全体员工认同、共同遵守，带有本单位特点的安全价值观，实现法律和政府监管要求之上的安全自我约束，保障安全生产水平持续提高。 （3）定期组织开展安全日活动，学习国家、上级单位、本单位有关安全生产的指示精神和规定以及本岗位安全生产知识，交流安全生产工作经验，分析本岗位安全生产风险和预防措施。 （4）严格执行班前、班后会。班前会要结合工作任务、设备及系统运行方式做好危险点分析，布置安全措施，讲解安全注意事项。工作结束应及时总结当班工作情况，分析工作中存在的问题，提出改进意见和建议	10	（1）未开展安全文化活动，不得分。安全文化未纳入文化建设扣5分。无安全理念扣3分。生产部门、班组（值）未逐级制定相应的安全文化建设实施方案并开展活动，每项扣1分。 （2）未制定反违章制度或活动方案，扣5分。每月未进行活动分析，扣2分。现场发现违章，扣3分/次。 （3）安全日活动内容不充实，无针对性或记录不全，扣3分。部门领导、管理人员未按照规定参加班组（值）安全日活动，扣4分/次	
4. 作业安全（200分）					
4.1 生产现场管理（80分）					
4.1.1	建（构）筑物	（1）建（构）筑物结构完好，无异常变形和裂纹、风化、下塌现象，门窗结构完整。 （2）建（构）筑物的化妆板、外墙装修不存在脱落伤人等缺陷和隐患，屋顶、通道等场地符合设计载荷要求。 （3）生产厂房内外保持清洁完整，无积水、油、杂物，门口、通道、楼梯、平台等处无杂物阻塞。 （4）防雷建筑物及区域的防雷装置应符合有关要求，并按规定定期检测	30	（1）建（构）筑物结构存在重大变形、钢结构锈蚀严重，扣5分。 （2）化妆板、外墙装修存在脱落伤人等缺陷和隐患，屋顶、通道等场地不符合设计载荷要求，扣3分。 （3）生产厂房内外有积水、油、杂物，门口、通道、楼梯、平台等处有杂物阻塞，扣2分。 （4）防雷装置不符合有关要求，未定期检测，扣5分	
4.1.2	安全设施	（1）升降口、吊装孔、地面阀门井、雨水井、污水井、坑池、沟等处的栏杆、盖板、护板等设施齐全，符合相关国家标准及现场安全要求。因工作需拆除防护设施，必须装设临时遮拦或围栏，工作终结后，及时恢复防护设施。 （2）电气高压试验现场应装设遮拦或围栏，设醒目安全警示牌。 （3）热水井、污水井具有防人员坠落措施。 （4）梯台的结构和材质良好，钢直梯护圈和踢脚板等防护功能齐全，符合国家安全生产要求。	20	（1）安全设施不符合安全要求，扣1分/项。 （2）电气高压试验现场未装设遮拦或围栏，未设醒目安全标识牌，扣2分。 （3）热水井、污水井没有防人员坠落措施，扣2分。 （4）梯台的结构和材质、钢直梯护圈和踢脚板等防护功能不符合国家安全生产要求，扣1分/项。 （5）机器的转动部分防护罩或其他防护设备存在问题，扣1分/项。	

续表

序号	项目	内容	标准分	评分标准	实得分
4.1.2	安全设施	（5）机器的转动部分防护罩或其他防护设备（如栅栏）齐全、完整，露出的轴端设有护盖。 （6）电气设备金属外壳接地装置齐全、完好。 （7）生产现场紧急疏散通道必须保持畅通	20	（6）电气设备金属外壳接地装置存在问题，扣1分/项。 （7）生产现场紧急疏散通道不畅通，扣3分	
4.1.3	生产区域照明	（1）生产厂房内外工作场所常用照明应保证足够亮度，仪表盘、楼梯、通道以及机械转动部分和高温表面等地方光亮充足。 （2）控制室、主厂房、母线室、开关室、升压站及油区、楼梯、通道等场所事故照明配置合理，自动投入安全可靠。 （3）常用照明与事故照明定期切换并有记录。应急照明齐全，符合相关规定	10	（1）生产厂房内外工作场所和仪表盘、楼梯、通道以及机械转动部分和高温表面等地方亮度不足，扣2分。 （2）控制室、主厂房、母线室、开关室、升压站及卸煤机、翻车机房、油区、楼梯、通道等场所事故照明不正常，每处扣1分。 （3）应急照明不齐全，扣3分	
4.1.4	保温	（1）高温管道、容器等设备保温齐全、完整，表面温度符合要求。 （2）生产厂房取暖用热源有专人管理，设备及运行压力符合规定。 （3）各项防寒防冻措施落实完好	10	（1）高温管道、容器等设备保温存在缺陷，表面温度超标，扣3分。 （2）生产厂房取暖用热源无专人管理，或设备及运行压力不符合规定，扣3分。 （3）防寒防冻措施落实不到位，存在受冻设备，扣5分/项	
4.1.5	电源箱及临时接线	（1）电源箱箱体接地良好，接地线应选用足够截面的多股线，箱门完好，开关外壳、消弧罩齐全，引入、引出电缆孔洞封堵严密，室外电源箱防雨设施良好。 （2）电源箱导线敷设符合规定，采用下进、下出接线方式，内部器件安装及配线工艺符合安全要求，漏电保护装置配置合理、动作可靠，各路配线负荷标志清晰，熔丝（片）容量符合相关规程要求，无铜丝等其他物质代替熔丝现象。 （3）电源箱保护接地、接零系统连接正确、牢固可靠，符合安全要求。 （4）插座相线、中性线布置符合规定，接线端子标志清楚。 （5）临时线不得接在隔离开关或开关上口，使用的插头、开关、保护设备等符合要求	10	（1）电源箱内、外部设备和设施存在问题，扣1分/项。 （2）临时用电电源线路敷设不符合规程要求，扣1分/项。 （3）临时线接线存在安全隐患，插头、开关、保护设备存在问题，扣2分/项	
4.2	作业行为管理（100分）				
4.2.1	高处作业	（1）应建立高处作业安全管理规定（含脚手架验收和使用管理规定）。 （2）高处作业使用的脚手架应由取得相应资质的专业人员进行搭设，特殊情况或者使用场所有规定的脚手架应专门设计。 （3）了解并正确使用合格的安全带等安全防护用品，立体交叉作业和使用脚手架等登高作业有动火防护措施和防止落物伤人、落物损坏设备等安全防护措施	10	（1）未制定相关规定，不得分。 （2）搭设的脚手架或使用的登高用具不符合安全要求，扣5分。 （3）安全防护用品使用或相应安全防护措施不到位，扣1分/项	

续表

序号	项目	内容	标准分	评分标准	实得分
4.2.2	起重作业	（1）制定起重作业和起重设备设施管理制度，建立健全安全技术档案和设备台账，定期进行检验。 （2）操作人员持证上岗，严格按操作规程作业。 （3）做好起重设备维修保养，维修保养单位具备相应资质。 （4）起重机械工作性能良好，金属结构、主要零部件完好，电气和控制系统可靠，安全保（防）护装置、联（闭）锁装置功能正常。 （5）重大物件起吊应制定安全方案，落实安全措施，并有专业技术人员指挥。 （6）炉内检修平台应由专业人员搭设，安全防护措施齐全，经验收合格后方可使用。 （7）起吊重物时不准把起重装置同脚手架结构相连，不准上、下抛掷物品，货物码放符合安全要求，堆放的材料不得超过计算载重	10	（1）未制定相关规定，不得分。安全技术档案和设备台账不齐全，扣5分。作业人员无证上岗，扣5分。 （2）维修保养单位资质不符合要求，不得分。 （3）起重机械设备存在缺陷，扣1分/项。 （4）重大物件起吊、炉内检修平台的搭设和安全防护措施存在问题，扣5分/项。未经验收合格进行使用，不得分。 （5）货物码放或堆放的材料不符合要求，扣3分	
4.2.3	焊接作业	（1）电焊机使用管理，检查试验制度完善，检查维护责任落实，建立台账，编号统一、清晰。 （2）电焊机性能良好，符合安全要求，接线端子屏蔽罩齐全。 （3）电焊机接线规范，金属外壳有可靠的接地（零），一、二次绕组及绕组与外壳间绝缘良好，一次线长度不超过2～3m，二次线无裸露现象。 （4）焊接作业人员须持证上岗，严格按操作规程作业。焊接作业现场有可靠的防火措施，作业人员按规定正确佩戴个人防护用品	10	（1）未制定相关规定，不得分。制度内容不全，责任落实不到位，台账记录、编号存在问题，扣5分。 （2）电焊机存在缺陷，接线不合格，扣1分/项。 （3）焊接作业现场防火措施不到位，作业人员未按规定正确佩戴个人防护用品，扣5分	
4.2.4	有/受限空间作业	（1）有/受限空间作业要有专人监护，并落实防火、防窒息及逃生等措施。 （2）进入有/受限空间危险场所作业要先测定氧气、有害气体、可燃性气体、粉尘等气体浓度，符合安全要求方可进入。 （3）在有/受限空间内作业时要进行通风换气，并保证气体浓度测定次数或连续检测，严禁向内部输送氧气。进行衬胶、涂漆、刷环氧玻璃钢工作应强力通风，符合安全要求和消防规定方可工作。 （4）在金属容器内工作必须使用符合安全电压要求的照明及电气工具，装设符合要求的剩余电流动作保护器。剩余电流动作保护器、电源连接器和控制箱等应放在容器外面。 （5）进行焊接工作必须设有防止金属熔渣飞溅、掉落引起火灾的措施以及防止烫伤、触电、爆炸等措施	10	（1）有/受限空间作业无专人监护，防火、防窒息及逃生等措施落实不到位，不得分。 （2）进入有/受限空间危险场所作业前未进行气体浓度测试，不得分。通风和气体浓度监测不合格，不得分。 （3）在金属容器内工作，电气工具和用具使用不符合安全要求，不得分。进行焊接工作，安全措施设置不合格，不得分。 （4）进入有/受限空间作业必须办理工作票，无票作业不得分	

续表

序号	项目	内容	标准分	评分标准	实得分
4.2.5	电气安全	（1）应建立电气安全用具、手持电动工具、移动式电动机具台账，统一编号，专人专柜对号保管，定期试验。作业人员具备必要的电气安全知识，掌握使用方法并在有效期内正确使用。 （2）购置的电气安全用具、手持电动工具、移动式电动机具经国家有关部门试验鉴定合格。 （3）现场使用的电气安全用具、手持电动工具、移动式电动机具等设备满足要求	10	（1）台账、编号和保管存在问题，扣3分。未进行定期试验，扣3分/台。使用人员使用方法存在问题，扣5分。 （2）购置的电气安全用具、手持电动工具、移动式电动机存在未经国家有关部门试验鉴定合格现象，不得分。 （3）现场使用的电气安全用具、手持电动工具、移动式电动机具等设备不满足要求，扣1分/项	
4.2.6	防爆安全	（1）油区、氨罐等应制定严格的管理制度并有效落实，其防爆安全装置齐全，设备设施和作业工具符合安全要求，有关管道系统及阀门严密。 （2）现场承压设备及管道系统经过定期检验合格，安全附件齐全、完好，材质符合安全要求，承压能力满足系统运行工况。 （3）高压气瓶无严重腐蚀或严重损伤，定期检验合格，并在检验周期内使用。色标、色环清晰，安全装置良好，存放符合要求，使用符合安全规定。 （4）渗滤液池、蓄电池室、油罐室、油处理室等重点场所使用防爆型照明和通风设备，配备有必要的防爆工具。 （5）在易爆场所或设备设施及系统上作业，要严格履行工作许可手续，保持与运行系统的有效隔离，并落实防爆安全措施。 （6）严禁吸烟，严禁明火作业	20	（1）油区、氨罐等管理制度不全，不得分。落实不到位，扣5分。设备设施和系统存在缺陷，作业工具不符合要求，扣5分。 （2）现场承压设备及管道系统未进行定期检验，安全附件存在问题，不得分。 （3）高压气瓶和安全装置存在严重缺陷，不得分。色标、色环存在问题，扣1分/项。存放和使用不符合安全要求，扣10分。 （4）渗滤液池、蓄电池室、油罐室、油处理室等重点场所未使用防爆型照明和通风设备，不得分。未配备必要的防爆工具，扣5分。 （5）易爆场所或设备设施及系统上作业，未履行工作许可手续，安全措施落实不到位，不得分。 （6）吸烟、明火作业不得分	
4.2.7	消防安全	（1）建立健全消防安全组织机构，完善消防安全规章制度，落实消防安全生产责任制，开展消防培训和演习。 （2）生产厂房及仓库备有必要的消防设备，并建立消防设备设施台账，定期进行检查和试验，保证合格。 （3）存放易燃易爆物品库房、建筑设施的防火等级符合要求。 （4）消防泵至少有两套独立电源，且具有自启动和远方启动功能，火灾报警及自动灭火、隔离系统正常并投入运行。 （5）电缆和电缆构筑物安全可靠，电缆隧道、电缆沟排水设施完好，电缆堵漏及照明符合要求，电缆主隧道及架空电缆主通道分段阻燃措施符合要求，特别重要电缆应采取耐火隔离措施或更换阻燃电缆。重要电缆夹层、竖井、沟等区域应配备电缆监控装置以及防火门（墙）等设施。 （6）现场电缆敷设符合安全要求，操作直流、主保护、直流油泵等重要电缆采取分槽盒、分层、分沟敷设及阻燃等特殊防火措施。 （7）作业人员应熟悉消防器材性能、布置和使用方法，现场动火有人监护，且防火措施落实	20	（1）未建立组织机构，规章制度不完整，消防安全生产责任制未落实，未定期开展消防培训或演习，不得分。 （2）消防设备配备不全，定期检查或试验不到位，扣5分。 （3）存放易燃易爆物品库房、建筑设施的防火等级不符合要求，不得分。 （4）消防泵无两套独立电源，不得分。相应配套功能不齐全，扣5分。 （5）电缆和电缆用构筑物等设施不符合要求，扣1分/项。 （6）现场电缆敷设不符合防火安全要求，扣1分/项。 （7）现场动火防火措施落实不到位，扣10分	

续表

序号	项目	内容	标准分	评分标准	实得分
4.2.8	机械安全	（1）机械设备外露转动部分有防护罩，并设有必要的闭锁装置。 （2）设备配置的各种安全防护装置及安全保护控制装置应齐备，性能可靠。 （3）较长输送距离的机械，在其需要跨越处应设置带护栏的人行跨梯。 （4）带式输送机的尾部滚筒及其他所有改向滚筒轴端处，应分别加设护罩及可拆卸的护栏，所配重锤行程地面处应设置高度为1.5m的护栏，运行通道侧应设有不低于上托辊最高点的可拆卸的栏杆。 （5）胶带机沿线应设置拉线开关，设有启动预报装置和防止误启动装置。 （6）轨道机械须装有夹轨钳和锚锭装置。 （7）机械设备检修应进行系统隔离，并有防转动措施	10	（1）机械设备外露转动部分无防护罩，或未设有必要的闭锁装置，扣1分/项。 （2）设备配置的各种安全防护装置及安全保护控制装置不齐全，扣1分/项。 （3）人行跨梯未设置或设置不合理，扣5分。 （4）护罩或护栏配置不合理，扣5分。 （5）运输胶带机沿线未设置拉线开关，扣5分。启动预报装置和防止误启动装置存在问题，扣5分。 （6）轨道机械未装设夹轨钳和锚锭装置或存在较大缺陷，扣5分。 （7）设备检修未隔离或无防转动措施，扣5分	
4.3　标志标识（20分）					
	标志标识	（1）设备名称、编号、手轮开关方向标志及阀位指示应齐全、清晰、规范。管道介质名称、色标或色环及流向标志齐全、清楚、正确。 （2）安全标志标识应齐全、规范，符合相关国家规定，满足有关安全设施配置要求。 （3）安全标志标识应设在醒目位置，局部信息标志应设在所涉及的相应危险地点或设备附件的醒目处。 （4）应急疏散指示标志和应急疏散场地标识应明显	20	（1）设备名称、编号、手轮开关方向标志及阀位指示存在问题，扣1分/项。 （2）管道介质名称、色标或色环及流向标志存在问题，扣1分/项。 （3）安全标志标识配置不合理，不符合规定要求，扣1分/项。 （4）应急疏散指示标志和应急疏散场地标识配置不合理，扣1分/项	
5. 应急救援（40分）					
5.1	应急管理制度	加强应急规章体系建设，完善应急管理规章制度，规范应急管理和信息发布等各项工作	10	无应急规章制度，不得分	
5.2	应急机构	建立健全行政领导负责制的应急工作体系，成立应急领导小组以及相应工作机构，明确应急工作职责和分工，并指定专人负责安全生产应急管理工作	10	未建立应急抢险救援队伍，扣3分	
5.3	应急预案	结合自身安全生产和应急管理工作实际情况，制定完善本单位应急预案并定期修订。预案修订结果应当详细记录	10	（1）未制定本单位应急预案，不得分。 （2）未及时对应急预案进行修订和完善，扣2分	
5.4	应急演练	制定具体的年度应急演练工作计划并严格执行	10	（1）未制定规划、未进行演练，不得分。 （2）规划内容和演练工作不符合要求，缺少演练记录，扣1分/项	

续表

序号	项目	内容	标准分	评分标准	实得分
6. 隐患排查和治理（30分）					
6.1	隐患管理	建立隐患排查治理制度，界定隐患分级、分类标准，明确“查找—评估—报告—治理（控制）—验收—销号”的闭环管理流程	5	（1）未建立隐患排查治理制度，不得分。 （2）制度内容有缺失，扣2分	
6.2	隐患排查	（1）制定隐患排查治理方案，明确排查的目的、范围和排查方法，落实责任人，结合安全检查、安全性评价工作，积极开展隐患排查工作。对排查出的隐患要确定等级并登记建档。 （2）隐患排查要做到全员、全过程、全方位，涵盖与生产经营相关的场所、环境、人员、设备设施和各个环节。 （3）生产经营单位应当建立事故隐患报告和举报奖励制度，对发现、排除和举报事故隐患的人员，应当给予表彰和奖励	10	（1）未制定隐患排查治理方案、未开展隐患排查工作，有上述任一项，不得分。 （2）未定期组织开展隐患排查活动，扣3分。 （3）隐患排查方案内容有缺失，扣2分。 （4）隐患排查方案执行不到位，扣2分。 （5）未对排查出的隐患确定等级并登记建档，扣3分	
6.3	隐患治理	（1）排查出的隐患要及时进行整改。短时间内无法消除的隐患要制定整改措施，确定责任人，落实资金，明确时限和编制预案，做到安全措施到位、安全保障到位、强制执行到位、责任落实到位。 （2）加强重大安全隐患监控，在治理前要采取有效控制措施，制定相应应急预案，并按有关规定及时上报。 （3）因自然灾害而可能导致事故灾难的隐患，按照有关法律、法规、标准的要求，切实做好防灾、减灾工作	15	（1）未对排查出的隐患进行整改，不得分。 （2）整改工作未实施闭环管理，扣5分/项	
7. 风险分级管控与重大危险源监控（50分）					
7.1	辨识与评估	（1）应组织对生产系统和作业活动中的各种危险、有害因素可能产生的后果进行全面辨识。 （2）应对使用新材料、新工艺、新设备以及设备、系统技术改造可能产生的后果进行危害辨识。 （3）应按GB 18218《危险化学品重大危险源辨识》等相关国家标准，开展重大危险源辨识与评估，建立重大危险源应急预案和相关管理制度	20	（1）未建立重大危险源管理制度，不得分。未组织开展危险源辨识，扣5分。 （2）未对重大危险源进行评估，扣5分	
7.2	登记建档与备案	（1）应当按规定对重大危险源登记建档，进行定期检查、检测。 （2）应将本单位重大危险源的名称、地点、性质和可能造成的危害及有关安全措施、应急救援预案报上级单位备案	10	（1）对重大危险源登记建档的，扣4分。 （2）对重大危险源定期检查检测，扣5分。 （3）未向上级单位备案的，扣2分	
7.3	监控与管理	（1）应采取有效的技术和设备及装置对重大危险源实施监控。	20	（1）未采取有效控制手段的，扣1分/项。	

续表

序号	项目	内容	标准分	评分标准	实得分
7.3	监控与管理	（2）应加强重大危险源存储、使用、装卸、运输等过程管理。 （3）应落实有效的管控措施和技术措施	20	（2）管理制度和措施未落实的，扣5分。 （3）重大危险源未进行三级管控，扣10分	
8. 职业健康（60分）					
8.1	职业健康管理（30分）				
8.1.1	危害区域管理	（1）对可能发生急性职业危害的有毒、有害工作场所，应设置报警装置，配置现场急救用品，设置应急撤离通道和必要的泄险区。 （2）应定期对作业场所职业危害进行检测，在检测超标区域设置醒目标识牌予以告知，并将检测结果存入职业健康档案	10	（1）危害场所设施、装置不符合要求，扣1分/项。 （2）未定期进行职业危害检测，扣2分。 （3）未将检测结果存入职业健康档案，扣2分	
8.1.2	职业防护用品、设施	（1）应为从业人员提供符合职业健康要求的工作环境和条件，配备必要的职业健康防护设施、器具。 （2）各种防护器具应定点存放在安全、便于取用的地方，并有专人负责保管，定期校验和维护。 （3）应对现场急救用品、设施和防护用品进行经常性的检修，定期检测其性能，确保处于正常状态。 （4）应按安全生产费用规定，保证职业健康防护专项费用，定期对费用落实情况进行检查、考核	10	（1）职业健康防护设施、器具不满足要求，扣2分。 （2）管理不善，器具未定点存放，扣2分。 （3）现场急救用品、设备和防护用品缺失或有失效的，扣2分。 （4）职业防护费用投入不足或没有按规定使用的，不得分。 （5）费用审批、落实及检查考核不合要求的，扣1分/项	
8.1.3	健康检查	应组织开展职业健康宣传教育，安排相关岗位人员定期进行职业健康检查	10	未开展职业健康宣传教育、未安排相关岗位人员定期进行职业健康检查，有上述任一项，不得分	
8.2	职业健康防护（30分）				
8.2.1	粉尘防护	（1）石灰、活性炭、飞灰、除尘等设备及其系统的扬尘点空气中粉尘含量应符合相关标准要求。 （2）在区域内设置粉尘提示标志。在此区域作业的人员应配备防尘口罩等防护用品	10	粉尘防护工作有不符合要求的，扣5分/项	
8.2.2	噪声防护	送风机、给水泵、汽轮机等高噪声设备应采取降低噪声的有效措施。在区域内设置噪声提示标志。在此区域作业的人员应配备耳塞等防护用品	10	噪声防护工作有不符合要求的，扣1分/项	
8.2.3	防毒、防化学伤害	应组织进行有毒有害物质的辨识，根据储存数量和物质特性，确定危险化学品的分布区域和控制措施，地上布置的酸碱储存设备周围应设耐酸、碱防护围沿，围沿内容积应大于最大一台酸、碱设备的容积。当围沿有排放措施时，可适当减小其容积。酸、碱储存区域内应设安全淋浴器。进入危险品储存区域应做好防护措施，带好防护用具	10	（1）防毒、防化学伤害工作有不符合要求的，扣2分/项。 （2）危险化学品使用、储存、运输不符合国家有关规定的，扣5分/项	

续表

序号	项目	内容	标准分	评分标准	实得分
9. 运行、检修的安全管理（40分）					
9.1	运行管理	（1）遵守调度纪律，严格执行调度命令，落实调度指令。 （2）认真监视设备运行工况，合理调整设备状态参数，正确处理设备异常情况。 （3）完善设备检修安全技术措施，做好监护、验收等工作。 （4）严格核对操作票内容和操作设备名称，加强操作监护并逐项进行操作。 （5）按规定时间、内容及线路对设备进行巡回检查，随时掌握设备运行情况。 （6）按规定时间和方法做好设备定期轮换和试验工作，做好相关记录。 （7）根据设备状况，合理安排机组运行方式，做好事故预想，开展反事故演习，并做好各类运行记录。 （8）发生事故后组织召开事故分析会并做好会议记录	20	（1）违反调度纪律，不得分。 （2）因运行监视不到位而发生不安全事件，扣5分。 （3）存在无票操作，不得分。操作票不合格，扣2分/张。 （4）设备定期轮换和试验工作未执行或执行不到位，扣2分。 （5）设备巡检不符合要求，扣2分。 （6）未定期组织开展反事故演习、未进行事故预想，扣2分。记录不完整、不翔实，扣1分/次。 （7）未召开事故分析会或没有会议记录，扣5分/次	
9.2	检修管理	（1）制定并落实设备检修管理制度，健全设备检修组织机构。 （2）实行标准化检修管理，编制检修作业指导书或文件包，对重大项目制定安全组织措施、技术措施及施工方案。 （3）严格执行工作票制度，落实各项安全措施。 （4）严格检修现场隔离和定置管理，检修现场应分区域管理，检修物品实行定置管理。 （5）严格工艺要求和质量标准，实行检修质量控制和监督三级验收制度，严格检修作业中停工待检点和见证点的检查签证	20	（1）未制定检修管理制度，不得分。制度不完善，机构不健全，落实存在问题，扣5分。 （2）检修作业文件、作业指导书或文件包编制不完整或者内容简单，扣2分。 （3）设备无检查记录，扣5分。检查周期不符合要求，扣2分。 （4）无票作业，不得分。工作票不合格，扣2分/张。安全措施没有落实，扣2分/项。 （5）检修现场隔离和定置管理不到位，扣3分/处。 （6）检修质量控制和监督三级验收制度执行不到位，扣10分。验收资料不完整，扣5分	
10. 生态环境保护（30分）					
10.1	制度管理	应制定环境保护管理规定、环境风险应急预案、烟气达标排放的控制措施、环境保护设施的操作规程等	10	（1）未制定环境保护相关制度、规程，不得分。 （2）相关制度、规程不完备，扣2分	
10.2	环境保护设施管理	环境保护设备正常，满足运行要求，各项运行参数符合相关标准要求，并且有详细的记录	10	（1）环境保护设施运行不正常，每项扣1分。 （2）没有环境保护设施的运行记录，扣2分	
10.3	污染物管理	烟气、废水、灰渣的排放及噪声等符合相关国家标准的要求	10	污染物排放不符合相关国家标准的要求，每项扣2分	
11. 安全文明生产（60分）					
11.1	员工管理	（1）员工工作服穿戴整洁，正确佩戴劳保用品。 （2）员工没有“三违”（即违章指挥、违章作业、违反劳动纪律）现象	20	（1）生产岗位不穿工作服，不正确佩戴劳保用品，每人次扣3分。 （2）员工有“三违”现象，每人次扣5分	
11.2	工作环境管理	（1）各岗位清洁卫生、无死角。设备卫生干净无积灰、无漏点。 （2）岗位噪声、粉尘在标准之内。 （3）垃圾大厅、上料斗四周应定期清理。 （4）办公区、生活区的楼梯、走廊、墙面清洁卫生，无灰尘、无蜘蛛网，门窗玻璃干净、无损坏	20	环境卫生不合格，每处扣3分	

续表

序号	项目	内容	标准分	评分标准	实得分
11.3	物品管理	（1）材料堆放整齐有序，室外露天存放有必要的保护措施。 （2）散碎易飞扬材料密闭存放。 （3）仓库备品备件分类摆放，整齐有序	10	物品摆放不合格，每一处扣5分	
11.4	记录管理	各专业运行日志、运行记录等字迹工整、清晰，内容准确、翔实，并且定期进行整理存放	10	（1）字迹不清、杂乱，每处扣1分。 （2）无定期整理存放，扣5分	

（二）检查报告

安全检查报告示例见表3－8。

表3－8　　**安全检查报告示例**

序号	位置	隐患内容描述	发现日期	整改要求	责任人	整改时限	整改情况	整改完成时间	整改照片	
									整改前	整改后
1	综合水泵房	循环水泵电缆线接头裸露	2022年10月22日	及时处理	×××	2022年11月30日	完成	2022年11月26日		
2										
3										
⋮										

（三）整改通知单

安健环检查整改通知单示例见表3－9。

表3－9　　**安健环检查整改通知单示例**

被检查单位	
检查时间	

经检查发现：你单位存在________项问题（详见问题清单），现责令你单位按照整改要求整改。
于______年___月___日前将整改情况书面上报至安健环管理监察部门。

检查人签名：

开具日期：　　年　月　日

第十节 违 章 管 理

违章是指违反规程、安全管理制度等的行为，如违反《电业安全工作规程》《两票标准》《运行规程》《检修规程》和《防止电力生产事故的二十五项重点要求（2023 版）》（国能发安全〔2023〕22 号）等。

一、反违章管理基本原则

（1）严禁违章指挥、违章作业、违反劳动纪律。

（2）无后果追责，有后果从重。

（3）全覆盖、严执法、零容忍、重实效。

（4）全员参与。

二、反违章工作基本理念

（1）违章就是事故。

（2）安全生产取决于现场的每个人。

三、责任分工

（1）各个部门、班组（值）是反违章工作的责任主体。

（2）安健环管理监察部门是反违章工作的监督部门。

四、反违章工作管理方法

（一）制定反违章管理办法

反违章管理办法应明确各级人员反违章职责、违章行为标准、奖惩标准等内容。

（二）创建无违章班组（值）

开展创建“无违章班组（值）”、党员身边无事故等活动。

（三）违章积分

建立违章积分制度，明确违章分级、分类、分值、积分及后果等，建立人员积分台账。

（四）违章行为曝光

通过《安全简报》、信息平台、曝光台、内部闭路电视、厂报、微信群等手段，对违章行为进行曝光。

（五）违章模拟事故分析

主要从类别、性质、频次、危害程度等多维度分析违章成因，量化考核违章可能造成的后果及处罚和处理情况。

（六）违章考核

按照“无后果追责，有后果从重”原则，对违章行为落实考核。各级生产人员要认真执行安全规程和各项安全规章制度，企业应每年开展反“三违”活动和定期开展违章自查自纠工作，结合工作实际，查找违章，处理违章，员工相互监督。

每月填报违章月报表，建立班组（值）员工违章档案，开展反违章培训、违章案例学习，不断提高班组（值）员工无违章意识。

组织对经常违章的人员进行系统教育和培训，以班组（值）长为安全第一责任人杜绝班组（值）人员“三违”现象发生，使班组（值）全员都争做“遵章模范”。违章清单见表3－10。

表3－10　　违章清单

编号	违章种类	违章内容
一、严重违章		
1	管理违章	未按要求履行全员安全生产责任制
2		未按要求履行“党政同责，一岗双责，齐抓共管”
3		未按要求履行“管业务必须管安全，管生产经营必须管安全”
4		未制定年度“两措”计划
5		未按要求履行风险分级管控和隐患排查治理，未按照要求开展风险评估，落实有效的风险管控措施
6		存在重大事故隐患而不排除，冒险组织作业。存在重大事故隐患被要求停止施工、停止使用有关设备、设施、场所或者立即采取排除危险的整改措施，而未执行的
7		达到报废标准的或超出检验期的安全工器具、应急设备设施未报废或到期未检
8		有/受限空间作业、动火作业、危险作业或重大作业未执行相关管理规定
9		未及时制定、修订有关规程、制度，使有关安全生产工作无章可循
10		发布违反职业健康安全和环境安全法律、法规、条例、标准、规程的指令
11		对安全生产中出现的倾向性问题、深层次问题、存在的薄弱环节或其他急需解决的问题，未及时研究，加以改进和解决
12		对下级反映的需要协助解决的安全生产工作，未能及时研究、答复和协助解决
13		对违章行为未予以制止的行为
14		未及时传达学习国家、公司安全工作部署，未及时开展公司系统安全事故（事件）通报学习、安全月、消防周活动等
15		安全生产检查出的问题未组织整改或整改不到位的
16		违规采购、验收、使用没有“一书一签”（化学品安全技术说明书、化学品安全标签）的危险化学品
17		现场作业人员未经《安全规程》考试合格即上岗；或新进、转岗和离岗3个月以上电气作业人员，未经专门安全教育培训，并经考试合格上岗
18		不具备“三种人”资格的人员担任工作票签发人、工作负责人或许可人
19		特种设备作业人员、特种作业人员、危险化学品从业人员未依法取得资格证书
20		特种设备未依法取得使用登记证书、未经定期检验或检验不合格
21		高压配电装置带电部分对地距离不满足且未采取措施
22		高危区域、有/受限空间、特殊设备未落实上锁制度，安全警示标识不齐全
23		污染物排放指标超标时未按规范要求进行标记
24		消防灭火系统、可燃有毒气体报警装置、通风装置未定期试验或故障失效

续表

编号	违章种类	严重违章
25		危险作业、有/受限空间作业和重大作业未在作业前进行风险评估，未正确使用安全防护装备、应急救援装备
26		无票（包括工作票、操作票、动火票、有/受限空间作业票等）作业、无令操作
27		作业人员未经过安全教育或安全交底
28		擅自开启高压开关柜门、检修小窗，擅自移动绝缘挡板
29		在带电设备周围使用金属梯等禁止使用的工器具
30		防误闭锁装置功能不完善，未按要求投入运行
31		未经批准，随意解除闭锁装置、保护装置
32		未经批准，擅自将自动灭火装置、火灾自动报警装置退出运行
33		重要工序、关键环节作业未按作业方案或规定程序开展作业。作业人员未经批准擅自改变已设置的安全措施
34		作业人员擅自穿越、跨越安全围栏或安全警戒线
35		起吊或牵引过程中，受力钢丝绳周围、上下方、内角侧和起吊物下面，有人逗留或通过
36	行为违章	在易燃易爆或禁火区域携带火种、使用明火、吸烟。未采取防火等安全措施，在易燃物品上方进行焊接，下方无监护人
37		动火作业前，未将盛有或盛过易燃易爆等化学危险物品的容器、设备、管道等生产、储存装置与生产系统隔离，未清洗置换，未检测可燃气体（蒸气）含量或可燃气体（蒸气）含量不合格即动火作业
38		动火作业前，未清除动火现场及周围的易燃物品
39		生产和施工场所未按规定配备消防器材或配备不合格的消防器材
40		擅自倾倒、堆放、丢弃或遗撒危险化学品
41		电力线路设备拆除后，带电部分未处理
42		起重作业无专人指挥
43		脚手架未经验收合格即投入使用
44		对危险性较大的作业（含大修、技术改造等项目），未组织编制专项施工方案（含安全技术措施），未按规定论证、审核、审批、交底及现场监督实施
45		使用达到报废标准的或超出检验期的安全工器具、应急设备设施
46		污染物排放超标时，未及时采取措施，造成长时间超标排放
47		擅自决定变动、拆除、挪用或停用安全装置和设施
48		有/受限空间作业未执行“先通风、再检测、后作业”要求，未正确设置监护人
二、一般违章		
49		设备无名称或名称及编号不唯一、不正确、不清晰
50		未取得特种作业证的员工从事（如压力容器、起重、气割、电焊等）特种作业
51	管理违章	各种作业票、工作票，签字不全、代签字
52		气焊作业时忽视氧气瓶、乙炔瓶的安全使用要求及安全距离
53		氧气瓶或乙炔瓶无防护，在烈日下暴晒

续表

编号	违章种类	一般违章
54	管理违章	作业时监护人未持证上岗，未落实安全措施，擅自离开监护岗位，监护时干与工作无关的事
55		在消防器材，动力配电箱、板、柜周围堆放物品，且违反堆放间距规定
56		设备运转时，跨越、触摸或擦拭运动部位，跨越皮带机、跨越板框、刮板机
57		在易燃易爆区域或空间未使用防爆灯具和器具，使用铁器敲击设备
58		违规占用消防井、消防通道、疏散通道。消防设施未按规定进行试验、检测
59		过程参数指标超标后未及时发现或调节
60		指派不具备安全资格的人员上岗，不考虑工人的工种与技术等级进行分工
61		未进行工作交底，无安全技术措施，没有创造生产安全的必备条件，即组织生产
62		擅自变更经批准的安全技术措施
63		决定设备带病运行、超出力运行，而无相应的技术措施和安全保障措施或让职工冒险作业
64		对作业场所危险源辨识不清，便指挥人员操作
65		职业禁忌症者未及时调换工种
66		生产、施工现场的安全设施不全或不符合规程规定
67		安全标志、设备标志不全、不清晰或不符合规定
68		安全防护用品、用具配备不全、数量不足、质量不良
69		易燃、易爆区及重点防火区，防火设施不全或防火措施不符合规定要求
70		易燃、易爆物品存放位置、地点、环境不符合安全规定
71		电气设备、设施无接地线
72		电源箱无剩余电流动作保护器
73	行为违章	厂区内吸烟、酒后上岗、未按规定佩戴个人防护用品
74		发现隐患未排除、报告，冒险作业
75		安全灯具与使用电压及要求不符
76		进行检维修作业时，未关闭设备电源、水源及其他能源供应，释放残余能量；监护措施未落实及未设置警戒区域或未挂警示牌
77		检修电气设备（施）时未停电、验电、接地及挂牌操作。工作前未检查设备（施）或设备（施）带故障、安全装置不齐全便进行操作。停机检修后的设备，未经彻底检查启用
78		作业时使用防护装置不完好的设备
79		不按规定及时清理作业现场、清除废料及垃圾，工件任意摆放，堵塞通道
80		随意挪用现场安全设施或损坏现场安全标志
81		使用电气设备时双手有水插、拔电源插头
82		设备运转时擦拭运转部位

第十一节 事故事件管理

事故事件管理主要包括事故事件调查分工、事故结案程序等工作，主要目的是总结经验、吸取教训，落实防范措施，减少事故事件发生。

一、事故事件类别

（1）人身伤害事故。包括轻微伤、轻伤、重伤及死亡事故（伤害标准详见《人体损伤程度鉴定标准》）。

（2）设备事故。包括特种设备事故、一般以上设备事故、一级障碍事故、二级障碍事故、未遂事故和异常。

（3）造成经济损失的火灾爆炸事故。

（4）因环境污染或超标排放而受到县级以上政府及职能监管部门通报、考核的环境保护事件。

（5）因接触职业危害因素而造成的职业病伤害事件。

（6）交通安全、食物中毒等非生产性事故。

二、事故事件管理要求

（1）生产经营单位发生安健环事故事件时，单位的主要负责人不得在事故事件调查处理期间擅离职守。

（2）生产经营单位发生安健环事故事件后，事故现场有关人员应当立即报告本单位负责人。单位负责人应当迅速采取有效措施，组织抢救，防止事故扩大，减少人员伤亡和财产损失，并按照国家有关规定立即如实报告当地负有安全生产监督管理职责的部门，不得隐瞒不报、谎报或者迟报，不得故意破坏事故现场、毁灭有关证据。

（3）事故事件调查处理应当按照科学严谨、依法依规、实事求是、注重实效的原则，及时、准确地查清事故原因，查明事故性质和责任，评估应急处置工作，总结事故教训，提出整改措施，并对事故责任单位和人员提出处理建议。

（4）生产经营单位发生安健环事故事件，经调查确定为责任事故的，除了应当查明事故单位的责任并依法予以追究外，还应当查明对安全生产的有关事项负有审查批准和监督职责的行政部门的责任，对有失职、渎职行为的，追究法律责任。

（5）任何单位和个人不得阻挠和干涉对事故的依法调查处理。

（6）事故发生单位应当及时全面落实整改措施，负有安全生产监督管理职责的部门应当加强监督管理。

（7）发生安健环事故事件的所属企业要认真总结教训，按照安全奖惩制度和事故“四不放过”原则，及时制定和落实防范措施。

三、事故事件调查

（一）人身事故事件调查

（1）人身死亡事故的调查执行相关规定。发生人身死亡事故要向企业所在地安全监管机构、政府安全主管部门、公安部门、工会等汇报。首先由公安部门确定是安全生产事故，然后由安全主管部门组织开展事故调查。

（2）重伤事故由总经理为组长的事故事件调查组负责调查，安健环管理、人力资源、工会等部门人员参加，对于性质恶劣的重伤事故，上级公司要派人参加调查。事故报告由安健环管理监察部门完成。

（3）轻伤事故由生产副职组织调查，性质恶劣的事故成立调查组，安健环管理监察、人力资源、工会等部门派人参加，事故报告由安健环管理监察部门完成。

（二）设备事故事件调查

调查组由事故事件调查单位的领导组织，安健环管理、技术设备、运行部门等有关人员参加。

四、安健环管理监察部门的事故事件管理职责

（1）负责事故管理。

（2）负责事故的定性。

（3）负责人身事故的调查，监督设备、运行事故的调查。

（4）收集人身事故、一般及以上设备事故、火灾等有关资料。

（5）参加事故分析会。

（6）监督“四不放过”落实，重点监督事故防范措施的落实。

（7）归口上报事故事件调查报告。

（8）对责任单位和责任人提出考核建议。

（9）人身事故、一般及以上设备事故、火灾等事故资料归档。

（10）事故的结案。

第十二节　票　证　管　理

票证是规范重大作业、危险作业，保证作业各项防范措施有效落实，加强监督和追溯的有效手段。

一、票证管理基本原则

（1）分级管理、逐级负责。

（2）危险作业、重大作业必须履行许可手续。

（3）现场作业必须做到100%开票，安全措施必须100%执行。

二、责任分工

（1）技术设备管理部门是工作票的归口管理部门。

（2）运行管理部门是操作票的归口管理部门。

（3）安健环管理监察部门是票证管理的监督部门。

（4）部门、运行值、维修班组是票证管理的责任主体，应对下列事项负责。

1）对无票作业负责。

2）对工作票安全措施的可靠性负责。

3）对工作负责人和工作班成员是否满足工作要求负责。

4）对工作票使用种类是否正确负责。

5）对“两票”的执行情况进行动态检查，包括工作票安全措施是否正确执行、是否进行安全技术交底、工作负责人是否擅自离开现场、工作班成员是否变动、是否扩大工作范围、是否存在违章行为、高风险作业是否履行相关手续、高风险作业安全措施是否落实、应急保障措施和物资是否到位等。

（5）工作负责人应对下列事项负责。

1）现场的安全管理。

2）现场的安全监护。

3）对所填写工作票的安全措施负责。

4）对工作班成员是否胜任负责。

5）履行许可手续时，与工作许可人共同核对安全措施。

6）开工前对工作班成员进行现场安全交底，主要内容是工作任务、安全风险、安全措施，危险点分析及控制措施。

7）临时离开现场指定能胜任的工作班成员担任临时工作负责人，并向其他工作班成员交代清楚。

8）工作班成员变更履行相关手续，并对新增工作班成员进行安全交底。

9）高风险作业的工作负责人原则上不得变更。

10）每次开工前核对安全措施。

（6）设备试运应履行以下职责。

1）是否具备试运条件，履行试运手续。

2）负责试运过程中现场安全管理。

3）试运不合格，重新执行工作票安全措施后，与工作许可人逐一核对安全措施。

4）恢复现场安全设施，人员撤离现场后，履行结票手续。

（7）运行人员应对下列事项负责。

1）正确执行工作票安全措施，必要时补充安全措施并正确执行，确保现场安全可靠隔离。

2）对无票作业负责。

3）是否扩大工作范围。

4）是否擅自变动安全措施。

5）设备试运应履行以下职责。

a. 是否具备试运条件，重点核对设备试运是否威胁其他系统和检修作业人员安全。

b. 履行试运手续。

c. 试运前确认相关人员已撤离。

d. 恢复工作票安全措施。

e. 负责试运操作。

f. 试运不合格，重新执行工作票安全措施。

g. 工作结束后是否恢复安全设施。

h. 对工作票使用种类是否正确、高风险作业是否履行相关手续、高风险作业相关措施是否落实到位等负责。

i. 对工作票签发人、工作负责人、工作许可人的资质进行审核。

第十三节 安健环信息管理

根据《电力生产事故调查暂行规定》（国家电力监管委员会令　第4号（2004年））要求，发生人身伤亡事故，必须立即向上级报告，发生人身死亡事故要同时向企业所在地安全监管机构、政府安全主管部门、公安部门、工会等汇报。

一、报告范围

生产安全信息包括生产安全突发事件信息（含较大涉险事故信息）和日常安全管理信息。

（1）生产安全突发事件包括以下内容。

1）人身伤亡事故（重伤及以上），因发电企业责任而引起的电网事故、设备事故、环境污染事故和生产火灾事故。

2）事件本身比较敏感或发生在敏感地区、敏感时间或可能演化为重大以上生产人身伤亡事故、电网事故、设备事故、环境污染事故和生产火灾事故的信息。

3）企业所在地发生重大自然灾害，可能导致重大以上生产人身伤亡事故、电网事故、设备事故、环境污染事故和火灾事故的信息。

4）对社会造成重大影响的生产安全事件信息。

（2）日常安全管理信息包括一类障碍、安全简报、安全工作总结及其他上级要求报送的安全信息。

二、信息报告原则

（1）准确、及时。

（2）事件的发生单位是信息报告的责任主体。

（3）重大及以上生产安全突发事件即时报告，时间最迟不得超过1h。

三、即时报告

（1）即时报告应包括以下内容。

1）事件发生的时间、地点、单位及事件现场情况。

2）事件发生的简要经过、影响范围、伤亡人数、直接经济损失的初步估计。设备损坏和电网停电影响的初步情况。

3）事故原因的初步判断。

4）事件发展趋势和已经采取的措施。

5）信息报告人员的联系方式。

（2）采取书面报告和电话报告两种方式。紧急情况下可先通过电话口头报告，再书面报告。

（3）企业发生生产安全突发事件应上报上级公司相关部门及所在地政府相关部门。建设项目或外包工程发生一般及以上人身死亡事故，乙方上报事故信息后，甲方也应上报，并与乙方保持一致。

（4）事故报告后出现新情况的，应当及时补报。

1）自事故发生之日起30日内，事故造成的伤亡人数发生变化的，应当及时补报。

2）自生产火灾事故发生之日起 7 日内，事故造成的伤亡人数发生变化的，应当及时补报。

（5）企业所在地发生重大自然灾害后，应报送自然灾害对生产的影响情况及企业抗险救灾工作情况，直到自然灾害消除为止。

四、日常安全管理信息报告

（1）机组发生非计划停运，应立即汇报上级单位，第二日以书面形式将事件经过、原因、防范措施上报上级单位。

（2）每月 5 日前上报本企业《安全简报》。

（3）春秋季安全检查总结、各类专项安全检查总结、安全生产月活动报告应在规定时间内，通过综合安全生产信息系统上报上级单位。

第十四节　安健环台账管理

安健环台账是反映安健环基础管理的资料记录，一个台账对应一个基础管理工作内容。

一、台账管理基本原则

（一）分级管理

部门、运行值、维修班组是台账管理的责任主体。

（二）分类设立

由于台账种类较多，为便于管理应分门别类建立台账，便于查阅。

（三）定期更新

每月对台账的内容进行更新。

二、责任分工

（1）技术设备管理部门是设备台账的归口管理部门。

（2）运行管理部门是运行台账的归口管理部门。

（3）安健环管理监察部门是安健环台账管理的监督部门。

三、台账清单

垃圾发电企业应建立的安健环台账至少包括21类、50余种。安健环台账清单见表3－11。

表3－11　　安健环台账清单

序号	类别	台账名称
1	基础信息类	安全生产组织机构登记表
2	收发文类	安全生产发文登记表
3		安全生产收文登记表
4		电力安规标准发放清单
5	法规制度类	法律法规及其他要求识别清单
6		安全生产制度登记表
7		安全生产应急预案登记表
8		安全操作规程登记表
9	计划月报类	安健环月度统计报表
10		“两措”计划任务表
11	会议类	安健环会议纪要
12	教育培训类	培训记录表
13		三级安全教育卡
14		培训成绩记录
15		年度培训计划
16		班组（值）安全活动记录
17	安健环费用	费用预算表
18		费用使用情况记录
19	相关方管理类	承包商入厂审查资料清单
20		承包商人员入厂安全培训记录
21		承包商审查记录表
22		作业安全技术交底卡

续表

序号	类别	台账名称
23	安健环设施类	空气呼吸器管理台账
24		安全装置管理台账
25		安全工器具检验台账
26	特种设备类	特种设备管理台账
27		特种作业人员登记表
28	危险化学品类	剧毒品、易制爆品入库登记表
29		剧毒品、易制爆品出库登记表
30		剧毒品、易制爆品处置登记表
31	票证类	工作票、操作票统计表
32	有/受限空间类	有/受限空间管理台账
33	危险作业类	危险作业管理台账
34	应急管理类	应急预案登记表
35		应急预案演练计划表
36		应急预案演练评估表
37		应急物资清单
38	事故事件管理类	安全事故信息接收表
39		安健环事故事件分析会议记录
40		工伤统计表
41		安健环事故统计台账
42		突发事故事件信息报告单
43		事故、事件调查报告单
44	奖惩及考核类	员工安全考核卡
45		安健环考核记录
46		安健环处罚台账
47	消防类	灭火器材台账
48		年消防栓、灭火器检查记录卡
49		消防控制室值班记录表
50		建筑消防设施故障维修记录表
51		建筑消防设施巡查记录表
52		消防水炮检查记录表
53	职业健康类	个人职业健康监护档案
54	劳动保护用品类	劳动保护用品配置表
55		劳动防护用品领用登记卡
56		劳动防护用品验收记录表
57	环境保护管理类	环境保护月度监测记录

第十五节 抓“三基”促安全生产标准化建设

一、安全生产标准化是“三基”的传承与提升

安全生产重在“三基”，“三基”是安全生产的基石。“三基”是指基础工作、基层建设和基本技能培训。基础工作主要是抓好各项基础管理，基层建设主要是抓好班组（值）安全建设，基本技能是指员工安全技能和专业安全知识。

“三基”诞生于石油石化行业，凝结着实事求是的科学精神、严细管理的优良作风，是有用管用的安全管理传家宝。新的时代，既要传承“三基”的提升，也要结合安全标准化建设持续健全工作体系，推动企业安健环管理迈上新台阶。

“三基”与安全标准化一脉传承，安全生产标准化建设与“三基”建设具有异曲同工之功效，安全生产标准化是对“三基”的传承和提升。安全生产标准化主要包含目标职责、制度化管理、教育培训、现场管理、安全风险管控及隐患排查治理、应急管理、事故事件管理、持续改进八大要素。安全生产标准化要求企业通过落实安全生产主体责任，通过全员全过程参与，建立并运行安健环管理体系，实现安健环管理制度化、系统化，岗位操作规范化，设备设施本质安全化，作业环境器具定置化，并持续改进。“三基”建设也是安全生产标准化建设的重要组成部分。

二、与时俱进抓“三基”

“三基”虽然是“土创造”，在管理体系尚不健全的历史背景下曾经发挥过作用，在安全标准化体系齐备、制度健全的今天，“三基”的生命力仍然完全契合新时代安全发展观的新要求。

推进安全发展、实现行稳致远，必须大抓“三基”。随着安健环管理要求的不断发展变化，管理资源和管理能力不足的问题日益凸显出来，队伍素质能力不适应的问题也逐步暴露出来。抓“三基”是一剂固本培元的良药，可以固基层、基础这个根本。当前，面对依然严峻复杂的安全生产形势，必须恢复和发扬大抓“三基”的优良传统，开展安全标准化建设，打造现代安健环管理体系，必须更加重视“三基”。

基础工作怎么抓？我们要立足新形势，推陈出新，以开展安全标准化建设为抓手，找准抓“三基”的着力点，切实抓出严密的责任体系，抓出过硬的员工素质，推动企业管理持续提升。

基本功怎么练？要创新方式方法，用好理论培训、案例培训、应急演练等手段，提高培训针对性、实效性和吸引力，练就适应岗位的过硬本领。

三、务实重效抓“三基”

抓“三基”贵在务实、重在实效，切不可搞形式，必须实打实、硬碰硬地抓紧抓好。资

源向基层投入、力量向基层聚集，各级领导要把功夫下足在一线，对基层的事情上心、用心，给予最实在的关心、最实际的帮助。

加强“三基”工作是一项事关长远、事关根本的系统工程。抓好这个工程，就能有力推动安全标准化建设，促进安健环基础管理水平全面提升，为安健环管理提供支撑和基础保障。

第四章　安健环基层建设

垃圾发电企业基层指维修班组、运行值和外委队伍。基层安全建设是企业安全保障的基础，要不断强化基层安全管理，解决基层安全管理工作中的薄弱环节。

基层安全管理要与基层日常工作结合在一起，要通过基层安全管理，让员工熟悉安全规程及制度，掌握安全作业的要求及措施，通过基层安全建设要让员工明白：谁安全，谁生存；谁安全，谁幸福。

基层安全管理主要内容包括安全目标、基层人员的岗位职责、基层作业现场管理、基层风险管控、安全工器具管理等。

第一节　基层安全目标

基层安全目标管理是整个基层安全建设中的重要组成部分，只有把基层安全目标实现了，企业的安全基础才能夯实。

一、基层安全目标制定原则

按照“个人保班组（值）、班组（值）保部门、部门保公司”的原则，依据公司的安全目标和部门的安全目标来制定基层的安全目标，将基层安全目标分解落实到人。抓好过程控制和阶段评价，确保基层安全目标按期完成。

基层主要从不发生人身重伤、死亡事故；不发生人员责任造成的轻伤事故；不发生由人员责任造成重大设备事件和火灾事故；不发生恶性误操作事故；不发生交通事故；不发生人员违章；工作票正确率，操作票正确率，“两措”计划完成率；不发生环境保护和职业健康事件等方面制定基层安全目标。

二、签订安全承诺书

结合基层实际制定可量化考核的安全目标，逐级签订安全承诺书。

第二节　基层人员的岗位职责

班组（值）长既要懂生产、精技术、通安全、熟管理，又要有一套灵活的工作方法。同时，部门也对基层安全建设负责。

一、班组（值）长职责

班组（值）长是基层安全管理的第一责任人，其职责是：

（1）抓好票、证、卡管理，检查票、证、卡的执行情况。

（2）组织制定实现班组（值）安全目标的保证措施。

（3）审核员工安全承诺书。

（4）主持班前会、班后会。

（5）组织班组（值）安全日活动。

（6）开展“三讲一落实”（讲任务、讲风险、讲措施、抓落实）。

（7）开展无违章班组（值）建设。

（8）组织开展班组（值）安全培训。

（9）组织开展应急演练。

（10）组织开展风险分级管控和隐患排查。

（11）组织建立健全班组（值）安全台账。

（12）分配任务、指定工作负责人、安排工作班成员时，应考虑人员能力。

（13）现场安全检查。

二、班组（值）安全员职责（可兼职）

（1）抓好票、证、卡管理，检查票、证、卡的执行情况。

（2）组织填写安全承诺书。

（3）协助班组（值）长做好安全培训。

（4）协助班组（值）长开展安全日活动。

（5）协助班组（值）长进行应急演练。

（6）负责新入厂人员、转岗人员、外来人员的三级（基层级）安全教育。

（7）现场安全检查。

（8）负责劳动防护用品、安全工器具的检查和领用。

（9）组织开展风险分级管控和隐患排查。

（10）协助建立健全班组（值）安全台账。

（11）分配任务，指定工作负责人，安排工作班成员时，应考虑人员能力和资质。

三、基层员工职责

（1）杜绝无票作业，正确使用并严格执行工作票与操作票。

（2）杜绝违章行为。

（3）拒绝违章指挥，制止违章作业。

（4）填写安全承诺书并履行。

（5）落实“四不伤害”（不伤害自己、不伤害他人、不被他人伤害、保护他人不受伤害）措施。不伤害自己就是要提高自我保护意识，不能由于自己的疏忽失误而使自己受到伤害。

（6）负责日常的隐患排查。

第三节　基层作业现场管理

基层安全管理的重点在现场，搞好现场安全管理，必须把影响安全生产的主要因素（包括人、机、料、法、环等）有机地结合起来。班组（值）要做好各种信息的收集、传递、分析、学习，及时了解安全生产情况。

一、基层现场安全管理标准

（一）生产现场安全管理标准

生产现场安全管理标准是环境清洁卫生，安全卫生设施完善，工作区域温度、湿度、亮度符合生产要求，“三废”（废水、废气和固体废弃物）排放、噪声等指标符合要求。

（二）设备设施安全管理标准

设备设施安全管理标准是设备设施整洁，安全附件齐全；及时消除事故隐患，及时消除跑、冒、滴、漏。

（三）规章制度安全管理标准

现场风险告知卡、岗位安全告知卡齐全，岗位工艺技术规程、安全规章制度、设备维护检修规程、安全技术规程齐全。

二、基层现场安全管理要求

（一）高标准、严要求

各基层根据实际情况，制定现场安全管理的标准和要求，现场安全管理不但要求制度全，而且要求标准高，严格执行“两票三制”。

（二）严执行、勤检查

健全的制度，必须严格执行，才能发挥作用。基层成员只有遵守现场安全管理的各项要求，才能保证现场各项安全工作落在实处。同时，还要经常检查，主要有企业的定期检查、部门的随机抽查、班组（值）的全面检查，对查出的不安全问题限期整改。

（三）奖罚明、严考核

基层应制定现场安全考核标准。每月班组（值）长在考核中严格按标准进行，达到奖优罚劣。

三、作业现场安全交底

作业现场安全交底要与现场工作开工会结合开展，班组（值）员工结合工作任务和现场设备，按照“现场讲解、提问答疑、现场考问”三个步骤进行。工作负责人从工作现场的工作任务、检修设备、采取的安全措施、危险因素分析等方面进行讲解。工作任务分工和采取的安全措施交代完毕后，工作成员对安排的工作如果提出疑问，工作负责人应进行正确答疑。工作负责人应在现场随机提问现场工作成员工作任务、安全措施、风险点等内容是否清楚，如果不清楚应立即说明，直至全员、全过程清楚明白，确保现场工作成员做到“四个清楚”（作业任务清楚、危险点清楚、作业程序清楚、安全措施清楚）。

四、消除疲劳，预防事故

现场工作人员要注意劳逸结合，避免突击和加班加点，应均衡安排班组（值）员工的生产工作。

第四节　基层风险管控

班组（值）长要组织基层人员预先分析生产或作业过程中的危险，采取有效措施，控制危险，保障安全。基层开展危险预控工作是安全工作的法宝。

一、危险预控内容

班组（值）长对本班组（值）管辖范围或承担的作业项目，要明确无误，对重点、难点、危险点了如指掌，做到心中有数。

基层应对所承担的作业、任务可能会发生哪种伤害，引发哪类事故，如触电、起重伤害、落物坠入、火灾爆炸、中毒窒息等，都要在作业前仔细预想，并分别列出对策加以落实，防患于未然。

让基层每个成员都清楚，从人、机、料、法、环几个方面细化分析，认真填写危险告知书，交班组（值）长和有关人员批准，并在作业前的准备会上作出交底。着重从作业状况、发生事故因素、潜在危险、重点对策、预防措施方面下功夫，以此来提高自我保护能力和事故处理能力，达到危险预控大家清楚，危险报告人人会写，从而保证每次危险作业都能顺利完成。

就每一个具体作业而言，班组（值）长都要按照“人员是否足够、素质是否适应、配合是否默契、方案是否可行”的要求，精心组织，合理安排。

二、危险预控关键是深化隐患检查整改

加强巡检，发现隐患及时整改到位。班组（值）长在班中巡检，要对生产工艺过程、设备运行状况、安全装置、个人防护用品的使用情况等进行巡检，对发现的问题要及时整改，如果本班组（值）解决不了的要及时上报。

基层成员要进行“五查”活动。即查不安全装置、不整洁环境、不安全行为、不标准操作、不规范作业。

基层建立缺陷检查、隐患整改台账。做到记录齐全、填写认真、情况真实、有据可查。

第五节　基层动态安全管理

动态安全管理是指在整个生产过程中，对生产的工艺流程和生产作业过程进行安全跟踪、预测控制，使安全生产在每时、每班、每个环节都得到保证。对于基层来说，动态安全管理要做好五个控制。

一、制度控制

基层动态管理必须有一套严密完备的规章制度作保证，要不断完善和充实规章制度，执行制度要严在贯彻落实上，严在事故发生前，使规章制度真正起到导向和制约作用。

二、作业控制

大量的事故多发生在作业中和作业现场。因此，作业控制是基层动态管理的重点方面。作业控制就是经常分析生产工序中的危险因素，有针对性地采取控制对策，按班、按日检查落实情况，发现问题及时解决。

三、重点控制

安全重点就是危险部位、有毒有害作业场所、易燃易爆生产场所、立体交叉作业场所、高处作业场所、特种作业场所等。对于安全重点，要做到重点控制。重要部位必须配备各种醒目安全标志，做到“有洞必有盖、有边必有栏、有空必有网、有线必有杆。”重点控制是基层安全的有力保障。

四、跟踪控制

最简便适用的办法是严格执行各种安全作业票、证、卡，对事故苗头狠抓不放、跟踪控制，从事故苗头中寻找失控点，制定控制对策，杜绝重复性事故发生。

五、群防控制

基层动态安全管理是一种群体行为，只靠班组（值）长远远不够，只有基层全员行动起

来，在生产过程中努力做到个人无违章、现场无隐患、设备无缺陷、过程无危险，才能实现基层生产安全。

基层安全管理是个动态过程，只要基层把动态管理贯穿整个生产过程的始终，坚持五个控制，定会收到事半功倍的效果。

第六节　创建无违章基层

班组（值）员工在日常生产工作中，增强基层团队意识，严格遵守各项安全管理规定的要求，杜绝违章行为。基层要建立员工反违章常态机制，基层要开展创建无违章班组（值）活动，无违章班组（值）必须满足以下条件：

（1）根据《无违章个人标准》，每月开展无违章个人评价工作。

（2）各基层组织班组（值）员工认真执行上级安全生产方针、政策、法规、各项安全生产规章制度，加强班组（值）员工安全知识培训，使班组（值）员工精通本专业理论知识，熟悉有关技术标准规范。

（3）班组（值）员工有较强的工作责任心和组织管理能力，具有一定的工作经验和处理事故能力，熟悉所辖设备和主要工种的技术业务，参与常规安全检查、安全活动和安全性评价等工作。

（4）班组（值）员工全年工作中无违章、无违纪行为。

（5）班组（值）员工年度《电力安全工作规程》考试成绩均达到100分。

个人无违章考核标准见表4－1。

表4－1　　个人无违章考核标准

考核内容	考核方法
一、管理性违章	
（1）制定明确的个人年度安全生产目标	查阅个人本年度安全生产目标责任书文本
（2）《电力安全工作规程》考试合格	查阅考试记录，不得低于95分
（3）按职责、岗位清楚危险点分析和防范措施或作业指导书	查工作票确认栏
（4）按时组织或参加安全活动（例会）	查阅活动（例会）记录
（5）按职责、岗位组织或参加班前会及班后会，正常有实效。明确清楚所有工作的风险点分析和相应的预防控制措施	查阅工作日志和措施票及工作票确认
（6）及时学习上级安全周报及上级安全通报、事故快报等，吸取教训，举一反三，制定相应的预防措施，记录齐全，实现闭环管理	查阅活动（例会）记录
（7）保存好按清册配备的制度和相关规程、文件	按岗位清册查对
（8）熟悉本岗位安全工作需要的各种规章制度	现场提问
（9）按职责、岗位做好“两票三制”执行情况监督、检查、考核	查“两票三制”执行情况
（10）按职责、岗位熟悉“两措”的相关内容，并履行相应职责	查“两措”资料
（11）按职责、岗位熟悉企业设备缺陷管理制度并认真执行。监督、检查、考核记录齐全，确保工作闭环	查阅缺陷记录，不存在应消缺陷未消除情况

续表

考核内容	考核方法
（12）按职责、岗位熟悉公司制定的安健环事故事件应急处理预案	现场提问
（13）按职责和岗位，特种作业人员参加教育培训，考试合格，持证上岗	查阅培训考试记录和现场抽查
（14）按职责、岗位熟悉本企业职业健康管理制度和劳动防护用品的发放、使用和管理规定。并按规定正确使用劳动防护用品	现场检查、提问
（15）按职责、岗位熟悉本单位车辆交通安全管理规定及奖惩办法。无交通违章记录	查违章记录
（16）按职责、岗位熟悉本单位反违章管理办法和常见违章现象	现场提问
（17）查禁违章人人有责，能及时制止身边的违章现象	查违章记录
二、指挥性违章	
（1）各级指挥人员（包括工作负责人）严格按照《电力生产安全工作规定》的要求，认真履行安全生产职责	抽查工作日志及相关记录，询问了解
（2）按职权分工指挥生产，不推诿扯皮	向有关人员了解或查阅到岗到位有关资料
（3）不超越职权，不凭主观插手职责范围以外的工作，不随便代行下属人员的指挥权	向有关人员了解，查阅运行、检修有关资料
（4）认真执行调度规程和运行规程，杜绝擅自决定设备带病运行、长期过负荷运行	查阅缺陷台账及有关运行记录
（5）严肃安全纪律，不得擅自变更已审批后的安全、技术措施和工作票、操作票等	向有关人员了解
（6）安排生产工作时，必须考虑工作人员的技术等级和有无安全、技术资格，防止工作人员不能胜任或违章作业	根据工作日志上的人员分工，抽查技术档案或资格证书。查阅工作票相关资料
（7）应办理工作票的工作项目，在未办理完工作票的许可手续前，不得批准（同意）开工。应填写操作票的操作项目，在未办理完操作票的填写、审核、批准之前，不得下令（同意）开始操作	依据检修工作记录、缺陷登记和运行记录，对照抽查工作票、操作票
（8）工作票签发人、检修工作负责人、运行操作监护人（工作许可人）、单人操作人必须经公司公布的具备资格的人员担任，不得随意指定	抽查工作票、操作票，与公布的人员名单对照
（9）在倒闸操作过程中，不得安排更换操作人和监护人。操作人员没有未经监护人同意的操作行为	调查了解，查阅操作票和运行记录
（10）工作终结前或工作票虽已与检修人员办理终结手续，但安全措施尚未全部拆除，不得下令进行试运行操作或送电操作	调查了解
（11）生产设备、系统异常运行，达到本企业规定的紧急停运条件时，必须立即停运。不得发出不允许停运的指令	查阅设备异常运行记录，到运行岗位向职工了解情况
（12）所有的保护及自动装置、安全装置因特殊情况需短时退出运行时，应按规定履行审批手续	查阅保护投停联系单（申请单），查阅调度及变电运行记录
（13）设备不具备规程规定的启动条件时，不得强令运行人员启动设备	向运行人员了解，查阅工程投产审批单，查阅现场及验收记录
（14）雷雨大风等恶劣天气及路面不适于车辆行驶情况下，不得强行安排外出及登高等作业	查阅有关检修记录及工作票
（15）擅自停用或退出防误闭锁装置	查阅值班记录
三、作业性违章	
（1）进入生产现场人员按照规定着装	现场查询、核实
（2）未经单位批准的单独巡视高压设备人员不得进站巡视，所有工作人员（包括工作负责人）不许单独进入、滞留在高压室内和室外高压设备区内	现场查询

续表

考核内容	考核方法
（3）专职监护人临时离开工作现场，必须通知被监护人员停止工作，待回来后方可恢复工作	现场查询、核实工作票
（4）高压验电人员必须戴绝缘手套。使用合格的验电器，验电时手必须握在手柄处，不得超过护环，人体必须与验电设备保持安全距离。雨雪天气时不得进行室外直接验电	现场查询、核实
（5）在室外高压设备上工作的工作人员，严禁越过工作地点四周悬挂“止步，高压危险！”标示牌的围栏	现场查询、核实
（6）严禁工作人员擅自移动或拆除接地线擅自移动或拆除遮栏（围栏）、标示牌	现场查询、核实
（7）作业人员登杆前应严格执行核对名称、编号（杆号）、色标（位置）的规定	查工作票，现场查询、核实
（8）因平行或邻近带电设备，使检修设备可能产生感应电压时，应使用个人保安线，接地线应登录在工作票上，个人保安线应由工作人员自装自拆	检查工作票，个人保护线及现场查询
（9）作业人员严禁在带电设备周围使用钢卷尺、皮尺和线尺（夹有金属丝的）进行测量工作	现场查询、核实
（10）低压带电作业工作，应设专人监护，并遵守有关规定	查工作安全措施，现场核实
（11）作业人员停电更换低压熔断器后，恢复操作时应戴手套和护目眼镜	查安全防护用品发放情况，现场核实
（12）登高作业人员必须身体健康，患有精神病、癫痫病及经过医生鉴定的患有高血压、心脏病等不宜从事高处作业病症的人员不准参加高处作业，凡发现饮酒，精神不振时禁止登高作业	查人事部人员体检档案，现场查询、核实
（13）人员登高作业安全带禁止系在移动或不牢固的物件上（如避雷器、开关、隔离开关、TA、TV）。安全带（绳）应定期开展机械静负荷试验	现场查询、核实
（14）在户外变电站和高压室内搬动梯子、管子等长物，应放倒两人搬运，并与带电部分保持足够的安全距离，在变、配电站带电区域内或临近带电线路处，禁止使用金属梯	查安全用具管理规定、发放记录，现场查询、核实
（15）登高作业人员不得穿破底鞋和带铁掌的鞋，特殊天气或环境登高作业前应做好防滑措施，作业前应检查基础、脚钉、爬梯等是否牢固，风力超过6级等恶劣天气不得进行登高作业	现场查询、核实
（16）冬季高处作业应采取防滑、防冻措施，登高前应对安全工器具和措施进行检查，气温低于－10℃时，不宜进行高处作业；否则，应采取保暖措施，且连续工作不宜超过1h	查劳动保护用品配置情况，现场查询、核实
（17）高处作业中严禁上下抛掷物品，按规定使用传递绳，传递物品。垂直交叉作业时，应做好防落物伤人措施	现场查询、核实
（18）进入生产现场（办公室、控制室、值班室和检修基层室除外）必须戴安全帽	现场查询、核实
（19）特种作业人员，应操作合格的设备	现场查询、核实
（20）严禁人员随意动用防火用具	现场查询
（21）严禁人员在易燃易爆区域携带火种、吸烟、动用明火施工，穿带铁钉的鞋进入现场	现场查询、核实
（22）焊接切割人员工作前应对周围易燃物进行清理，工作结束后应对现场进行检查，清理遗留物	现场查询、核实
（23）现场进行滤油工作应安排专人看管，做好防漏、防火措施，配足消防器材，工作中断或工作结束应立即将有关电源切断	现场查询、核实
（24）倒闸操作前应进行三核对、唱票复诵，严禁跳项操作和操作后不检查	查操作票，现场查询、核实
（25）雨天进行高压配电设备紧急操作，操作人员应使用带防雨罩的专用绝缘杆，还应穿绝缘靴。雷电时一般不进行倒闸操作，禁止在就地进行倒闸操作	查绝缘工具配置，现场查询、核实

续表

考核内容	考核方法
（26）使用电钻（手提电钻）等电气工具应戴绝缘手套	现场查询、核实，查机具管理配置
（27）在电缆沟、隧道、夹层、渗滤液沟道、污水池、焚烧炉、烟道、油罐或金属容器内等处工作，必须使用安全电压行灯照明，并派专人监护	现场查询、核实，查机具管理配置
（28）对正在运转中的机械设备（电钻、砂轮、无齿锯等），严禁擅自开启安全防护罩用手触摸或更换附件及进行维护检查工作	现场查询、核实，查机具管理配置
（29）对砂轮机、车床等切割机具进行操作时，应佩戴防护眼镜	现场查询、核实，查劳动保护管理配置
（30）严禁使用无手柄的锉刀	现场查询、核实
（31）人员使用钻床、抡大锤操作时严禁戴手套或单手抡大锤，周围不准有人靠近	现场查询、核实
（32）不得擅自远程修改计算机保护的软件、定值和配置文件，应有防止干扰经由计算机保护通信口侵入的措施	现场查询、核实
（33）变电站主控室、计算机保护室等应遵守有关规定，任何人员禁使用移动通信工具	现场查询、核实
（34）工作时，不得使用不合格的安全工器具、电动工具	现场查询、核实
（35）进入电缆沟及电缆隧道、六氟化硫设备室、渗滤液沟道、污水处理水池、焚烧炉等处工作前，应提前通风或检测有毒气体是否超标	现场查询
（36）配电设备中，工作人员使用的普通电缆插头，严禁带电插拔，可带电插拔的肘型插头，不宜进行带负荷操作	现场查询
（37）在低压回路上工作，专人监护，安全措施应完备，设警告牌，有明显的断开点，工作前验电	现场查询、核实
四、违反劳动纪律	
（1）迟到、早退、旷工	查阅考勤、向职工了解情况
（2）工作时间干私活	向职工了解情况
（3）擅离岗位、聚集闲聊、嬉戏	向职工了解情况，查阅到岗到位有关资料
（4）上班睡觉、打扑克、上网聊天、玩游戏等	向职工了解情况，查阅到岗到位有关资料
（5）工作中不服从分配，不服从管理	向职工了解，查阅到岗到位有关资料
（6）无理取闹，影响正常工作	向职工了解

第七节 基层其他重点工作

一、班前、班后会

（一）主持人

班组（值）长组织召开。

（二）班前会

结合当班工作，分派任务，重点是“三讲”，即讲工作任务、讲安全风险、讲安全措施。

（三）班后会

工作负责人或专业组长简要汇报当班工作情况，班组（值）长讲评当班工作和安全情况、作业现场风险防控措施落实情况，点评基层成员工作表现。

二、安全日活动

（1）班组（值）长组织，安全员协助。

（2）企业党政领导、部门负责人按计划参加并指导、检查活动情况。

（3）活动内容：

1）学习上级有关安全生产文件和会议精神。

2）事故通报。

3）分析基层发生的不安全事件。

4）开展基层违章情况分析。

5）开展安全培训。

三、班组（值）安全台账

坚持整合、简洁、实用的原则，建立健全以下安全台账。

（1）安全管理制度台账（如安全文件、事故通报、管理制度）。

（2）基层安全活动记录。

（3）安全工器具台账。

（4）基层违章积分台账。

（5）基层安全培训台账。

四、票、证、卡管理

严格执行票、证、卡管理要求，进行工作票、操作票和安全交底卡动态检查，重点检查安全措施和危险点分析等安全措施是否完备及落实情况。

五、劳动纪律

班组（值）员工应严格遵守劳动纪律管理规定的要求。

六、奖惩

建立健全“基层安全建设”考核评价机制，定期组织对基层安全建设开展情况进行评比，促进企业基层安全建设工作标准化、规范化。

第八节　安全工器具管理

班组（值）安全员负责劳动防护用品（安全带、安全帽、绝缘鞋、绝缘手套等）、安全工器具（电气绝缘工器具、手持电动工具、手动葫芦、千斤顶、钢丝绳扣、U 形环等）管理，按规定定期进行检查和试验，保证正确使用，保存完好。

一、劳动保护用品管理标准示例（安全带管理标准）

（一）安全带、绳的标志

（1）安全带应具备的标志有以下四项内容：

1）安全带金属配件上应打上制造厂的代号。

2）安全带带体上应缝上永久字样的商标。

3）安全带带体上应缝上永久字样的检验证。

4）安全带带体上应缝上永久字样的合格证。

（2）安全带合格证上应注明：

1）安全带产品名称。

2）安全带制造厂家名称。

3）安全带生产日期（年、月）。

4）安全带的试验拉力：4500N。

5）安全带的冲击质量：100kg。

6）安全带检验员姓名等。

每月对安全带、绳进行一次外观检查，员工应检查所使用的安全带是否具有以上四项永久性标志，如果经检查缺少一项或缺少多项永久性标志，员工应拒绝使用此类安全带。

（二）安全带、绳的使用

1. 使用周期

安全带使用周期一般为 3～5 年，发现异常应提前报废。

2. 使用要求

（1）使用前应检查安全带、安全扣、安全环、安全绳是否完整、无破损，扣环牢固、可靠。

（2）部门安全员按照安全带、绳的试验周期规定，安排班组（值）员工到指定部门进行安全带、绳的试验。

（3）安全带、绳经试验合格后，必须及时贴上“试验合格证”标签。

（4）安全带、绳要有试验报告，一份交使用单位存档，另一份由试验单位存档，试验报告保存两个试验周期。

（5）用中或新购置的安全带、绳必须试验合格。

（6）未经试验及超试验周期的安全带、绳禁止使用。

（三）安全带、绳的试验

1. 试验周期

（1）安全带试验周期为 1 年。

（2）牛皮带试验周期为半年。

2. 试验项目

（1）围杆带试验静拉力为2205N，载荷时间为5min。

（2）围杆绳试验静拉力为2205N，载荷时间为5min。

（3）护腰带试验静拉力为1470N，载荷时间为5min。

（4）安全绳试验静拉力为2205N，载荷时间为5min。

（四）安全带、绳的合格标准

安全带、安全绳必须达到以下内容方为合格。

（1）组件完整、无短缺、无破损、无伤残。

（2）金属配件无裂纹，主要扣环无锈蚀。

（3）绳索纺织带无脆性断裂、无断股、无扭结。

（4）挂钩的钩舌咬口平整、不错位。

（5）铆钉无偏位，表面平整、无毛刺。

（6）安全带保险装置完整、可靠。

（五）安全带、绳的管理

（1）安全带、绳必须有本单位统一规定的设备名称、编号。

（2）由部门安全员负责本单位安全带、绳的提报配置计划，领用安全带，发放安全带，完成安全带的建档、建卡等工作。对不合格的安全带、绳由部门安全员负责报废、销毁，并做好记录更改。

（3）安全带、绳应存放在干燥通风和温度适宜的橱柜内，按照编号定位存放，妥善保管。安全带实行定置管理。

（4）腰带和保险带、绳应有足够的机械强度，材质应有耐磨性，卡环（钩）应具有保险装置，操作应灵活。

（5）安全带、绳使用长度在3m以上的应加缓冲器。

（6）班组（值）员工应每月对安全带、绳外观进行一次全面检查。

（7）基层应建立安全带、绳管理台账、记录，做到账、卡、物相符，试验报告、检查记录、安全试验标示齐全。

二、安全工器具管理标准示例（接地线）

（一）接地线应具备的标志

接地线应具备的标志有以下四项内容。

（1）产品许可证。

（2）出厂试验合格证。

（3）产品鉴定合格证书。

（4）使用说明书。

基层每月对接地线进行一次外观检查，班组（值）员工应检查所使用的每组接地线是否具有以上四项永久性标志，如果经检查缺少一项或缺少多项永久性标志，班组（值）员工应拒绝使用此类接地线。

（二）接地线制作材料

接地线应用多股软铜线，其截面面积应符合短路电流的要求，但不得小于 $25mm^2$；长度应满足工作现场需要，同时应满足装设地点短路电流的要求。接地线必须有透明绝缘外护层，护层厚度大于 1mm。

（三）接地线的配置

班组（值）员工要定期检查自己所分管设备的安全场所配置的接地线是否按标准配齐、配足，如果配备不齐全应汇报主管部门进行补充，直至按标准配齐。

（四）接地线的使用

按照接地线的试验周期规定，到指定部门进行接地线的试验。

（1）接地线经试验合格后，必须及时贴上“试验合格证”标签。

（2）接地线要有试验报告，一份交使用单位存档，另一份由试验单位存档，试验报告保存两个试验周期。

（3）使用中或新购置的接地线必须试验合格。

（4）未经试验及超试验周期的接地线禁止使用。

（5）接地线使用前应检查接地线无毛刺，卡子无锈蚀、无损坏。

（6）接地线应设专人管理，定期检查接地线是否有断股、散股，接地线夹是否松动、损坏等，并有记录。

（五）接地线的试验

（1）成组直流电阻试验在各接线鼻之间测量直流电阻，其数值要求如下。

1）对于 $25mm^2$ 截面面积的接地线，平均每米的电阻值应小于 0.79mΩ。

2）对于 $35mm^2$ 截面面积的接地线，平均每米的电阻值应小于 0.56mΩ。

3）对于 $50mm^2$ 截面面积的接地线，平均每米的电阻值应小于 0.40mΩ。

4）对于 $70mm^2$ 截面面积的接地线，平均每米的电阻值应小于 0.28mΩ。

5）对于 $95mm^2$ 截面面积的接地线，平均每米的电阻值应小于 0.21mΩ。

6）对于 $120mm^2$ 截面面积的接地线，平均每米的电阻值应小于 0.16mΩ。

（2）带接地操作棒的工频耐压试验电压加在护环与紧固头之间，其数值要求如下。

1）额定电压为 10kV，1min 的工频耐压试验为 45kV。

2）额定电压为 35kV，1min 的工频耐压试验为 95kV。

3）额定电压为 63kV，1min 的工频耐压试验为 175kV。

4）额定电压为 110kV，1min 的工频耐压试验为 220kV。

5）额定电压为 220kV，1min 的工频耐压试验为 440kV

（六）个人保安线

（1）对于 $10mm^2$ 截面面积的接地线，平均每米的电阻值应小于 1.98mΩ。

（2）对于 $16mm^2$ 截面面积的接地线，平均每米的电阻值应小于 1.24mΩ。

（3）对于 $25mm^2$ 截面面积的接地线，平均每米的电阻值应小于 0.79mΩ。

（七）试验周期

接地线与个人保安线的试验周期为 5 年。

（八）接地线的管理

（1）接地线必须有本单位统一规定的设备名称、编号。

（2）由部门安全员负责本单位接地线的提报配置计划、领用接地线、发放接地线，完成接地线的建档、建卡等工作。对不合格的接地线由部门安全员负责报废、销毁，并做好记录更改。

（3）接地线应存放在干燥通风和温度适宜的橱柜内，存放位置编号与接地线本身编号一致，盘绕长度一致，悬挂整齐，妥善保管。接地线实行定置管理。

（4）班组（值）员工每月对接地线外观进行一次检查。定期检查接地线是否有断股、散股，接地线夹是否松动、损坏等，并有记录。

（5）线路应有由接地和短路导线构成的成套接地线。如利用铁塔接地时，允许每相个别接地，但铁塔与接地线连接部分应清除油漆，接触良好。

（6）损坏的接地线应及时修理或更换。接地线经受短路后，根据短路电流的大小和外观检验判断是否还能使用，一般应予以报废。

（7）基层应建立接地线管理台账、记录，做到账、卡、物相符，试验报告、检查记录、接地线试验标示齐全。

（九）接地线操作要求

（1）装设接地线应由两人进行。

（2）设备检修后合闸送电前，必须检查送电范围内接地线已拆除。

（3）当验明电气设备确已无电压后，应立即将检修设备接地并三相短路。

（4）在对电缆及电容器接地前应逐相对电缆及电容器充分放电，星形接线电容器的中性点应接地、串联电容器及与整组电容器脱离的电容器应逐个多次放电，装在绝缘支架上的电容器外壳也应放电。

（5）对于可能送电至停电设备的应装设接地线，所装接地线与带电部分应考虑接地线摆动时仍符合安全距离的规定。

（6）对于因平行或邻近带电设备而导致检修设备可能产生感应电压时，应加装工作接地线，也可以使用个人保安线，加装的接地线应填写在工作票上，个人保安线由员工自装、自拆。

（7）在门型构架的线路侧进行电气设备的停电检修，如果工作地点与所装接地线的距离小于 10m，工作地点虽在接地线外侧，也可以不再另外装接地线。

（8）设备检修部分若分为几个在电气上不相连接的部分（如分段母线以隔离开关或断路器隔开分成几段），则各段应分别验电。全部停电时，应将各个可能来电侧的部分接地短路，其余部分不必每段都装设接地线。

（9）接地线与检修设备之间不得连有断路器，不得连有熔断器。

（10）在配电装置上装设接地线时，接地线应装在该装置导电部分的规定地点，规定地点油漆必须刮去，规定地点应画有黑色标记。

（11）所有配电装置的适当地点，均应设有与接地网相连的接地端，接地电阻应合格。

（12）接地线应采用三相短路式接地线，若使用分相式接地线时，应设置三相合一的接地端。

（13）装设接地线应先接接地端，后接导体端，接地线应接触良好，连接应可靠。

（14）拆接地线应先拆导体端，后拆接地端，接地线应接触良好，连接应可靠。

（15）在装、拆接地线时均应使用绝缘棒和戴绝缘手套。人体不得碰触接地线或未接地的导线，以防止触电。带接地线拆设备接头时，应采取防止接地线脱落的措施。

（16）应禁止使用其他导线作接地线或短路线。

（17）在装、拆接地线时应使用专用的线夹固定在导体上，禁止用缠绕的方法进行接地或短路。

（18）禁止在工作期间擅自移动或拆除接地线。

（19）在高压回路上工作，必须要拆除全部或一部分接地线后始能进行工作，如拆除一相接地线、拆除接地线且保留短路线、将接地线全部拆除等工作应征得运行人员的许可（根据调度员指令装设的接地线，应征得调度员的许可），方可进行。工作完毕后立即恢复。

第五章　安健环基本技能建设

《中华人民共和国安全生产法》（2021 年修正，中华人民共和国主席令　第八十八号）规定，生产经营单位应当对从业人员进行安全生产教育和培训，保证从业人员具备必要的安全生产知识，熟悉有关的安全生产规章制度和安全操作规程，掌握本岗位的安全操作技能，了解事故应急处理措施，知悉自身在安全生产方面的权利和义务。《中共中央国务院关于推进安全生产领域改革发展的意见》（中发〔2016〕32 号）指出企业要严格落实企业安全教育培训制度，切实做到先培训、后上岗。

第一节　教育培训管理、分类及内容

安健环教育培训工作是一项理论性、实践性很强的系统工程。企业应有效推动安健环培训、教育工作开展，切实提高全员安全意识和安全技能，防止各类事故发生，减少职业危害。

一、企业行政正职是安全培训的第一责任人

企业应制定年度安健环教育培训计划、所需人员、资金和物资供应保证。

二、人力资源部门是培训的归口管理部门

人力资源部门负责制定安全培训管理制度，编制年度安全培训计划。

三、安健环管理监察部门是安全培训的具体组织部门

安健环管理监察部门负责完成厂（公司）级安全教育。安健环管理监察部门负责建立安健环教育培训档案、安健环教育培训台账。

四、部门、班组（值）是日常安全教育的责任主体

部门、班组（值）负责员工二、三级安全教育及外包队伍的二、三级安全教育。

五、取证要求

（1）企业主要负责人和安全生产管理人员应取得生产经营单位从业人员培训合格证书。

（2）特种作业人员应取得特种作业操作资格证。特种作业包括电工作业、焊接与热切割作业、高处作业、锅炉作业（含锅炉司炉、锅炉水质处理、锅炉能效作业）、压力管道作业（含压力管道巡检维护、带压封堵、带压密封）、起重机械作业、厂内专用机动车辆作业、安全附件维修作业、特种设备焊接作业、电力系统进网作业等。

六、安全教育培训管理原则

企业应建立安全教育培训制度，明确责任部门，将安全教育培训纳入企业总体管理。安全教育培训管理原则如下：

（1）安全教育培训应实施分级管理，充分满足各级各岗位培训需求。

（2）应有针对性地制定和实施安全教育培训计划。安全教育培训计划包括内容、对象、培训要求、达到的目标等。

（3）企业应建立健全从业人员的安全教育培训档案。

（4）每年年底对全年的安全教育培训工作进行总结，并对安全教育培训效果进行评估和改进。

七、教育培训分类

安健环教育培训分为上岗培训、日常教育培训、专项培训等，具体如下。

（1）上岗培训：员工上岗前的教育培训。

（2）日常教育培训：员工三级安全教育培训等。

（3）专项培训：消防、职业健康、生态环境保护、复岗转岗、复工复产、事故后安全教育、案例学习、应急演练、有/受限空间、特种作业等。

八、教育培训内容

（1）安健环法律法规、标准规范及行业标准。

（2）全员、全岗位安全生产责任制。

（3）从业人员的安全生产权利和义务。

（4）安健环规章制度。

（5）熟悉安全常识和相关技能，包括消防、交通、有/受限空间作业、用电常识等。

（6）熟悉作业风险危害、区域风险危害、岗位风险危害、设备风险危害等。

（7）安健环事故案例。安全事故的防范意识和应急措施、本单位安全事故应急预案、自救互救知识。

（8）岗位安全应知应会、岗位风险危害和应急救护，安全操作技术技能，职业健康知识。

（9）安全环境保护设备、设施、工具、劳动防护用品的使用、维护和保管知识，定期监测要求。

（10）其他有关的安健环教育培训内容。

九、培训时间要求

新上岗人员岗前培训不少于 24 学时，每年再培训不少于 8 学时。其中，涉及危险物品的经营或储存企业岗前培训不少于 72 学时，每年再培训不少于 20 学时。

对新招用、换岗或离岗 6 个月以上的人员，应当进行安健环教育培训，采用新工艺、新技术、新材料或使用新设备的，应当进行专门的安健环培训，培训时间不少于 4 学时。

企业主要负责人和安全生产管理人员每年再培训时间不少于 12 学时。

第二节　三级安全教育

一、厂级安全教育

厂级安全教育由厂安健环管理、生产部门会同人事部门组织进行。主要教育内容包括安健环生产方针、政策及主要法规标准，各项安健环规章制度及劳动纪律，危险作业场所安全要求及有关防灾救护知识，典型事故案例介绍，个体防护用品的作用和使用要求及其他有关应知应会的内容。时间应不少于 8 学时。

二、部门安全教育

部门安全教育应由部门负责人会同安全管理人员进行。主要教育内容包括本部门生产性质、特点及基本安全要求，生产工艺流程、危险部位及有关防灾救护知识，部门安全管理制度和劳动纪律，部门工伤事故介绍。时间应不少于 4 学时。

三、班组（值）安全教育

班组（值）安全教育应由班组（值）长会同安全员及带班师傅进行。

（1）主要教育内容：班组（值）工作任务、性质及基本安全要求，有关设备、设施的性能、安全特点及防护装置的作用与完好要求，岗位安全生产责任制度和安全操作规程，事故现象或发生事故时的紧急处置措施，同类岗位工伤事故介绍，有关个体防护用品使用要求及保管知识，现场清洁卫生要求，其他应知应会的安全内容。教育时间应不少于 4 学时。

（2）三级安全教育的过程：新职工入厂向人事部门报到，领取三级安全教育卡，接受厂级安全教育；考试（核）合格后，携带教育卡去接受部门安全教育；考核合格后，携带教育卡去接受班组（值）安全教育；考核合格后，向厂安全部交回三级教育卡，存档，并领取劳动防护用品，由安全部门发给安全操作合格证。至此，该新职工才允许持证上岗操作。

三级安全教育卡见表 5-1。

表 5-1　　　　三级安全教育卡

<table>
<tr><td>姓名</td><td colspan="2"></td><td>性别</td><td></td><td>卡片编号</td><td colspan="2"></td><td rowspan="4">电子照片</td></tr>
<tr><td>出生年月</td><td colspan="2"></td><td colspan="2">身份证号</td><td colspan="3"></td></tr>
<tr><td>文化程度</td><td colspan="2"></td><td colspan="2">参加工作时间</td><td>联系电话</td><td colspan="2"></td></tr>
<tr><td>籍贯</td><td colspan="2"></td><td colspan="2">现家庭住址</td><td colspan="3"></td></tr>
<tr><td rowspan="2">公司安全教育</td><td colspan="8">内容：（1）本单位安全生产情况及安全生产基本知识；
（2）本单位安全生产规章制度和劳动纪律；
（3）从业人员安全生产权利和义务；
（4）有关事故案例等
年　月　日</td></tr>
<tr><td>培训学时</td><td></td><td>培训结果</td><td></td><td>教育人（签字）</td><td></td><td>受教育人（签字）</td><td></td></tr>
<tr><td rowspan="2">部门级安全教育</td><td colspan="8">内容：（1）工作环境及危险因素；
（2）所从事工种可能遭受的职业伤害和伤亡事故；
（3）所从事工种的安全职责、操作技能及强制性标准；
（4）自救、互救、急救方法，疏散和现场紧急情况的处理；
（5）安全设备设施、个人防护用品的使用和维护；
（6）本部门安全生产状况及规章制度；
（7）预防事故和职业危害的措施及应注意的安全事项；
（8）有关事故案例；
（9）其他需要培训的内容
年　月　日</td></tr>
<tr><td>培训学时</td><td></td><td>培训结果</td><td></td><td>教育人（签字）</td><td></td><td>受教育人（签字）</td><td></td></tr>
<tr><td rowspan="2">班组（值）级安全教育</td><td colspan="8">内容：（1）岗位安全操作规程；
（2）岗位之间工作衔接配合的安全与职业健康事项；
（3）有关事故案例；
（4）其他需要培训的内容
年　月　日</td></tr>
<tr><td>培训学时</td><td></td><td>培训结果</td><td></td><td>教育人（签字）</td><td></td><td>受教育人（签字）</td><td></td></tr>
<tr><td colspan="9">领导意见：
签字：　　　　年　月　日</td></tr>
</table>

第三节　班组（值）安全教育培训

加强基层安全意识教育是培养“四有”职工队伍的迫切需要，也是摆在每一位班组（值）长面前的一项长期的任务。基层人员技能标准是经安全培训合格，做到持证上岗，对本岗位的设备做到“四懂、三会”（懂原理、懂构造、懂用途、懂性能，会操作、会维护、会排除故障），会正确穿戴和使用劳保用品，严格执行安全规程、劳动纪律和职业健康的各项要求。

基层安全培训和学习可采取安全日活动、现场考问、案例学习、技术问答、事故预想、签订师徒合同等形式。

基层安全培训内容应包括岗位职责、岗位应知应会、岗位风险及防范措施、安全规程、消防规程、安全管理规章制度、事故案例、劳动保护用品使用、职业健康要求、安全工器具使用等。同时，还要抓好以下培训工作。

一、安全意识教育

安全意识教育是安全教育的关键要素，人的意识决定人的行为，思想波动就会影响到人的行为的安全度。安全意识教育要“年年抓、月月抓、天天抓、时时抓”。

要了解基层成员的思想情况，提前进行安全意识教育，及时纠正，提前防范。当发现员工思想不稳定时，危险的、重要的工作不能交他完成，以防止发生事故。

基层安全意识教育的核心是培养基层员工的“责任心”，使每个员工都能认识到不负责、不安全的行为可能给企业、班组（值）、自己和家庭造成危害。

二、安全行为教育

每个员工的安全行为是保证企业安全生产的基本条件。每个员工认真执行安全纪律、劳动纪律，企业的安全生产正常秩序才能保证。基层应结合工作实际有针对性地进行安全纪律教育，对违章行为，按照有关规定进行批评和考核。

三、新员工安全教育

对新员工的安全教育，应从本班组（值）的概况、工作性质、作业环境、危险区域、设备状况、安全设施、消防设施等入手讲解，新员工要熟记专业安全工作规程、岗位职责、安全生产责任制、安全目标，了解工作中的危险作业地点、安全注意事项。新员工要正确使用防护用品，让安全理念入脑、入心。

四、调岗员工安全教育

调岗指基层变动工种的人员，需进行部门、班组（值）二级安全教育。安全教育内容可参照新员工的安全教育内容进行。对于工种变动较大者，必须经考核合格后方可上岗；对于特种作业者，必须经考核合格取得操作证方可上岗。

五、对外来人员的安全教育

对外来人员的安全教育，除了部门要进行安全教育外，为提高外来人员安全生产工作的责任感和自觉性，防止人身和设备事故的发生，基层需针对性地进行安全教育，明确所做工作的质量要求、工作内容、工作范围、工作特点、作业环境、危险区域和安全注意事项。

六、现场安全教育

现场安全教育主要是通过班前会布置工作，工作中查安全，工作结束后召开班后会，总结评价本班工作安全情况。

七、复工安全教育

复工安全教育主要是针对离开工作岗位较长时间的员工进行的安全教育，一般是指工伤休假、病假、事假、产假等各种假期离开岗位满3个月者，在复工上岗前进行的安全教育。安全教育内容包括学习安全规程，熟悉电气设备的性能和安全防护装置，练习实际操作，熟悉在休工期间设备及工作场所的变更情况。对于复工员工安全水平下降较大者，必须经安全规程考核合格后方可上岗。

八、安全法规及规程制度学习

基层要组织员工学习各类安全法规、规程、安全制度、标准、办法、细则、上级安全文件、事故通报、安全简报、现场安全工作流程及措施、作业指导书、反违章手册、设备安全标志、安全性评价、劳动保护、安全保护、防止触电、触电急效、安全监护、安全用具和仪器的使用、消防器材使用等。

九、事故案例培训

班组（值）安全员要结合工作实际挑选发生过的设备事故、人员事故、环境保护事件的典型事故案例以及上级下发的事故通报，作为基层安全活动的事故案例培训材料。方法上可以采用让员工提前自学和备课，抽签确定讲解人员；然后由班组（值）安全员对事故原因、过程、责任、措施等进行详细讲解，同时针对班组（值）现状，举一反三，查找隐患，并提出改进措施和方案，其他员工进行互动式讨论，并结合自己的实际工作拾遗补缺，以达到互学互促的效果；最后安全员要对事故案例培训资料进行汇总、整理、归档。

第四节 消 防 培 训

（1）消防归口管理部门组织制定《企业消防培训计划》，并监督实施。

（2）下列人员应当接受消防安全专门培训。

1）企业消防安全第一责任人、消防安全管理分管领导。

2）专、兼职消防管理人员。

3）消防控制室的值班、操作人员。

4）一线生产人员。

（3）其他依照规定应当接受消防安全专门培训的人员。

1）消防管理人员及工作人员要参加地方公安消防机关消防培训。

2）消防队定期开展灭火演练、战术训练及体能训练。

第五节 应急培训与演练

一、应急培训与演练的目的

应急演练是指各部门、相关应急人员与员工，针对假想突发事件，按照应急预案所规定的职责和程序，执行应急响应任务的培训、演练活动。

开展应急预案演练要实现下列目标：

（一）验证预案是否适用

通过开展应急演练，提高应急预案的实用性和可操作性。查找应急预案中存在的问题，进而完善应急预案。

（二）完善应急准备工作

通过开展应急演练，检查应对突发事件所需应急队伍、物资、装备、技术等方面的准备情况，发现不足及时予以调整补充，做好应急准备工作。

1. 提升员工应急能力

通过开展应急演练，增强公司和人员等对应急预案的熟悉程度，提高其应急处置能力。

2. 磨合各部门、人员的配合

通过开展应急演练，进一步明确相关人员的职责任务，理顺工作关系，完善应急机制。

3. 教育宣教

通过开展应急演练，普及应急知识，提高员工风险防范意识和自救、互救等灾害应对能力。

二、应急演练的类型

根据应急演练的组织方式、演练科目、演练目的等，可以对应急演练进行分类。

（1）应急演练按照组织方式可以分为桌面演练和实战演练。

1）桌面演练。桌面演练是一种会议讨论或演练活动。其目的是使人员在轻松的氛围中，明确和熟悉应急预案中所规定的职责和程序，提高协调及解决问题的能力。桌面演练的情景和问题通常以口头或书面叙述的方式表达，也可以使用厂区布置图、厂区模型、视频会议等手段，有时被分别称为图上演练、沙盘演练、视频会议演练等。

2）实战演练。实战演练是以现场操作的形式开展的演练活动。参演人员在贴近实际状况和高度紧张的状况下，根据演练程序的要求，通过实际操作完成应急响应工作，以检验和提高人员的组织指挥、应急处置以及后勤保障等应急能力。

（2）应急演练按其演练科目分为单项演练和综合演练。

1）单项演练。单项演练是指只涉及应急预案中特定应急响应程序或现场处置方案中应急响应步骤的演练活动。注重针对一个或少数几个参与特定环节和程序进行检验。

2）综合演练。综合演练是指涉及应急预案中多项或全部应急响应功能的演练活动。注重对多个环节和功能进行检验，特别是对不同部门之间应急机制和联合应对能力的检验。

（3）按演练目的和作用可以分为检验性演练、示范性演练和研究性演练。

1）检验性演练。主要是指为了检验应急预案的可行性及应急准备的充分性而组织的演练。

2）示范性演练。主要是指为了向参观、学习人员提供示范，为普及宣传应急知识而组织的观摩性演练。

3）研究性演练。主要是为了研究突发事件应急处置的有效方法，试验应急技术、设施和设备，探索存在问题的解决方案等而组织的演练。

三、应急预案演练的组织与实施

一次完整的应急演练活动要包括计划、准备、实施、评估总结和改进五个阶段。

1. 计划阶段

计划阶段主要任务是明确演练的目的，提出演练的基本构想和计划安排。

2. 准备阶段

准备阶段主要任务是完成演练计划，编制演练方案，进行必要的培训和讲解，做好保障工作安排。

3. 实施阶段

实施阶段主要任务是按照演练计划完成各项演练内容，为演练评估积累信息。

4. 评估总结阶段

评估总结阶段主要任务是评估总结演练参与部门、人员在应急准备方面的问题和不足，明确改进的内容，提出改进计划。

5. 改进阶段

改进阶段主要任务是按照改进计划，由相关部门进行人员落实，并对改进效果进行监督检查。

第六节 生态环境保护宣传及培训

一、宣传及培训

垃圾发电企业应制定生态环境保护宣传教育及培训制度，学习贯彻国家生态环境保护方针政策，使员工树立生态环境保护理念，增强企业生态环境保护意识，不断提高企业生态环境保护管理水平和员工专业技能水平。

应利用环境日、节能减排日、对公众开放日等有利时机进行生态环境保护宣传，通过对外宣传、信息交流、公众参与等方式，提高外界对企业生态环境保护行为的认识。宣传内容包括生态环境保护知识、生态环境保护法规等。

二、意识和能力

企业主要负责人和生态环境保护从业人员，应当具备与本企业生产经营活动相适应的生态环境保护意识和能力，并接受生态环境保护相关业务知识培训。

通过宣传、教育、培训等手段，提高员工的生态环境保护意识，提升企业生态环境保护管理及作业人员环境因素辨析、环境风险防范能力。确保各级人员具备如下意识、能力。

（1）贯彻国家、上级单位、本企业生态环境保护管理体系要求。

（2）熟知自身岗位的生态环境保护职责。

（3）能够辨析工作中的潜在生态环境风险，并了解防范措施。

（4）熟悉突发生态环境事件应急预案，具备应急处置能力。

（5）生态环境保护管理人员应熟知本企业生态环境保护管理重点及难点，掌握生态环境保护设备运行、检修管理要点，熟悉应对突发环境事件的岗位应急要素。

（6）生态环境保护监督人员应熟悉生态环境保护管理流程，具备把握现场检查监督要点的能力。

（7）生态环境保护监测试验人员掌握各项监测试验的操作技术要领和执行标准。

（8）CEMS（烟气在线监测系统）运维人员应遵守相关法律法规和企业 CEMS 管理规定，做好现场设备运维，并持证上岗。

（9）相关人员熟悉污染物排放自动监测设备标记规则。有能力按照规则要求，根据自动监测设备运行和数据传输联网状况，对产生自动监测数据的相应时段进行标记。确保自动监测数据真实、准确、完整、有效，及时、如实向生态环境主管部门报告自动监测设备传输数据异常情况。

三、主要负责人及管理人员培训

（1）主要负责人和各级管理人员应具备与本企业所从事生产经营活动相适应的生态环境保护知识与能力。

（2）企业应对各级管理人员进行教育培训，专职生态环境保护管理人员、环境保护设施技术管理人员每年培训时间不得少于 16 学时。

（3）企业应定期开展主要负责人和管理人员应急管理能力培训以及重点岗位员工应急知识和技能培训。

（4）主要负责人的培训内容（不限于）：

1）国家环境保护法律、法规和行业规范。

2）环境保护防治基础知识。

3）环境保护管理要求和措施等。

（5）生态环境保护管理人员的培训内容（不限于）：

1）国家环境保护法律、法规和行业标准及要求。

2）环境保护防治基础知识。

3）企业主要环境危险因素及防控措施。

4）主要生态环境保护设施的运维及设备管理。

5）环境保护管理标准和要求。

6）突发环境事件应急响应。

（6）从业员工培训。从业人员包括本企业人员、临时用工人员、长期外包单位人员。新入厂从业人员上岗前应经过厂级、部门、班组（值）三级生态环境保护培训。未经生态环境保护培训合格的从业人员，不得上岗作业。岗前生态环境保护教育培训学时不得少于 8 学时，具体培训内容如下：

1）国家生态环境保护法律、行政法规和规范。

2）环境保护设施基本技术规范。

3）作业、操作环境风险因素。

4）作业、操作环境风险防护措施。

5）本岗位所涉及的环境危险源。

6）突发环境事件本岗位事故应急处置措施。

（7）企业应对从业人员进行生态环境保护在岗教育培训，可与安全培训一并进行。培训频次为每半年不得少于一次，培训时间不少于 2 学时。具体培训内容如下：

1）国家环境保护法律、法规和行业规范、要求。

2）生态环境保护防治基础知识。

3）企业环境风险辨识的方法、流程。

4）主要环境风险因素及防控措施。

5）本企业的环境保护管理制度。

6）岗位操作规程、生态环境保护设施异常处理。

7）岗位相关环境事故应急处置措施。

企业在生态环境保护设施新建、改建、扩建项目的安装、调试期间至正式移交使用前，应对有关从业人员进行专门的教育培训，确保其具备相应的运维、事故预防和应急处置能力。从业人员在企业内部调整工作岗位或离岗三个月以上重新上岗时，应重新进行部门、班组（值）的生态环境保护教育培训，考试合格后方可具备上岗资格。

四、生态环境保护应急培训和演练

企业应针对可能发生的环境事件，定期进行应急技能培训。培训至少每年进行一次。

（一）培训和演练内容

（1）如何识别环境风险。

（2）如何启动环境事件应急响应。

（3）危险物质泄漏控制措施。

（4）应急设备设施使用方法。

（5）疏散和撤离的程序。

（6）应急物资使用。

（7）人员救护与撤离。

（8）环境污染事故处置等。

（二）培训和演练形式

（1）专家讲座、网络培训、板报宣传等。

（2）班组（值）培训、现场演练、桌面演习等。

（3）自行演练和联合演练。

（三）评估及修订

企业应每三年一次，对环境应急预案进行全面修订和回顾性评估。预案评估结论符合下列情形之一的，应及时进行修订。

（1）企业面临的环境风险发生变化的。

（2）环境应急监测、预警及报告机制，应对流程和措施，应急保障措施发生变化的。

（3）重要应急资源发生变化的。

（4）在突发环境事件实际应对和应急演练中发现问题，需要对应急预案作出调整的。

第七节 职业健康培训

（1）职业健康主要负责人和管理人员应进行职业健康相关培训。

（2）对新招聘、在岗员工定期进行《中华人民共和国职业病防治法》、职业病危害及个人防护用品使用的培训。

（3）每年度根据健康普检情况，组织常见病和健康生活方式讲座，提高员工的健康意识。

（4）锻炼员工的自救和互救能力，每年度定期组织急救知识再培训。

第六章　风险分级管控和隐患排查治理机制建设

《中华人民共和国安全生产法》第四条要求：“生产经营单位必须遵守本法和其他有关安全生产的法律、法规，构建安全风险分级管控和隐患排查治理双重预防机制，健全风险防范化解机制”。第二十一条要求：“生产经营单位的主要负责人（一把手）对本单位安全生产工作负有下列职责：组织建立并落实安全风险分级管控和隐患排查治理双重预防工作机制，督促、检查本单位的安全生产工作，及时消除安健环事故事件隐患”。第四十一条要求：“生产经营单位应当建立安全风险分级管控制度，按照安全风险分级采取相应的管控措施。生产经营单位应当建立健全并落实安健环事故事件隐患排查治理制度，采取技术、管理措施，及时发现并消除事故隐患”。

《中共中央国务院关于推进安全生产领域改革发展的意见》（中发〔2016〕32号）要求，构建风险分级管控和隐患排查治理双重预防工作机制，严防风险演变、隐患升级导致安健环事故事件发生。

风险分级管控是一个复杂的过程，构建双重预防机制就是要将安全风险逐一建档入账，有效解决安全生产工作中存在的“认不清、想不到”的突出问题，强调安全风险管理的关口前移，从隐患排查治理前移到安全风险管控。要强化风险管控方法和手段，抓住关键环节，采取有效预防措施，防范安全风险管控不到位变成事故隐患，隐患未及时发现和治理演变成事故。

双重预防机制是预防重特大事故的重要举措，风险分级管控和隐患排查治理是双重预防机制的两道防火墙，要规范、科学、长期地开展下去，这是企业管控风险、消除隐患、保证安全生产的重要手段。构建双重预防机制不仅仅是企业安全生产主体责任，更是企业预防事故发生和保障企业发展的根本途径。企业要准确把握安全生产的规律和特点，坚持风险预控、关口前移，全面推进风险分级管控，强化隐患排查治理，把风险控制在隐患形成事故之前。

第一节　双重预防机制建设责任体系及特点

一、建立责任体系

建立覆盖各层级的双重预防机制责任体系，双重预防机制是安全生产标准化建设的主要内容，企业应依照 GB/T 33000—2016《企业安全生产标准化基本规范》，建立风险分级管控和隐患排查治理工作机制，建立覆盖各层级的风险管控责任体系，健全事故隐患整改督办机制、排查治理报告机制、违章与隐患考核机制。

二、健全制度和程序

健全风险管控和隐患排查治理的制度和程序。

（1）健全安全风险辨识评价、风险分级管控等管理制度，建立风险分级管控清单、隐患排查台账等，完善隐患排查、治理、记录、报告、销号等重点环节的程序和方法。

（2）明确风险点排查、风险评价、风险等级和确定风险管控措施的程序、方法和标准等，完善各类风险告知卡、风险评价技术标准、风险管控清单和风险数据库，建立隐患自查、自改、自报机制，实现排查、登记、评价、报告、监控、治理、销账的闭环管理，提升隐患排查治理能力和效果。

（3）实施重大安全风险定期分析研判和公示、预警信息会商、分级发布制度。

三、双重预防机制的特点、重点和难点

双重预防机制的两个主体就是风险分级管控和隐患排查治理。双重预防机制特点是长期性、全员性。重点是风险分级管控、隐患排查治理。难点在危险点分析、危险源辨识、风险评价及管控。建设双重预防机制，要求安健环管理监察人员能够对双重预防机制有一个较为全面的了解和认识，能够掌握双重预防机制的特点，抓住双重预防机制的重点，化解双重预防机制的难点。

（一）风险分级管控

风险分级管控就是指通过识别生产经营活动中存在的危险、有害因素，并运用定性或定量的统计分析方法确定其风险严重程度，进而按照风险不同级别，所需管控资源、管控能力、管控措施复杂及难易程度等因素确定风险控制的优先顺序和风险控制措施，以达到改善安全生产环境、减少和杜绝安全生产事故的目的。

从总体上讲，风险分级管控程序主要分为危险点分析、危险源识别、风险评价、风险管控、效果验证与更新等阶段，这几个阶段缺一不可，都是风险分级管控程序的重要组成部分。各个阶段循序渐进，风险分级管控的基本原则是风险越大，管控级别越高。上级负责管控的风险，下级必须负责管控，并逐级落实具体措施。

（二）隐患排查治理

隐患排查治理就是指发现、消除或控制隐患的活动或过程。包括对排查出的事故隐患按照职责分工明确整改责任、制定整改措施、落实整改资金、实施治理和复查验收的全过程。整改措施包括技术措施、组织措施和管理措施等，如管理措施失效就会造成管理缺陷，即管理隐患。

（三）安全检查和隐患排查的不同

安全生产检查是指本企业、上级、其他政府主管部门在安全生产方面的检查，包括设备状况、现场环境、人员的安全意识、作业程序、技能培训等全方位的检查，安全检查结果和考核挂钩，相对较全面。

隐患排查应属于专项检查的类型，指在本企业、上级、其他政府主管部门在安全生产方面找出安全隐患并提出整改方案，属技术指导，不带有考核性质。隐患排查的基础是对公司的危险源有一定的识别，已经识别出哪些是安全隐患的频发地点或工序。

安全检查是全方位的，隐患排查是针对存在的安全隐患进行专属性的检查，也可以说安全检查包括隐患排查。安全检查和隐患排查其实是一项工作的2个不同步骤。安全检查的目的就是发现问题，整改问题，而发现的问题可以说都是隐患。

（四）风险分级管控与隐患排查治理的关系

风险分级管控是隐患排查治理的基础。根据风险分级管控的要求，企业组织实施风险点识别、危险源辨识、风险评价、防范措施制定和风险分级管控，确定风险点、危险源为隐患排查的对象，即排查点。通过隐患排查，可能发现新的风险点、危险源，进而对风险点和危险源信息进行补充和完善。风险分级管控与隐患排查治理的关系如图6－1所示。

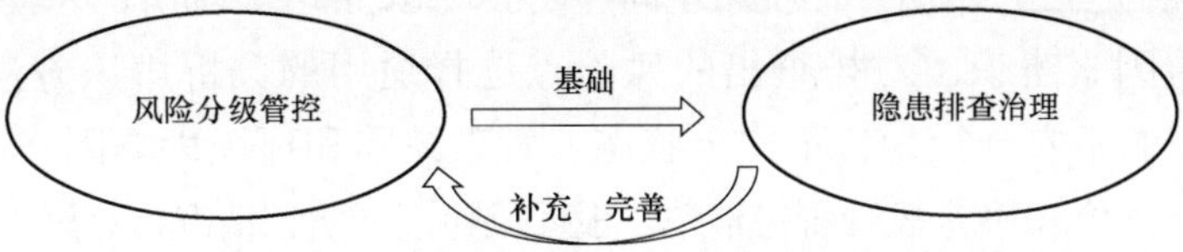

图6－1　风险分级管控与隐患排查治理的关系

第二节　双重预防机制建设程序

双重预防机制建设程序如图6－2所示。双重预防机制工作流程如图6－3所示。

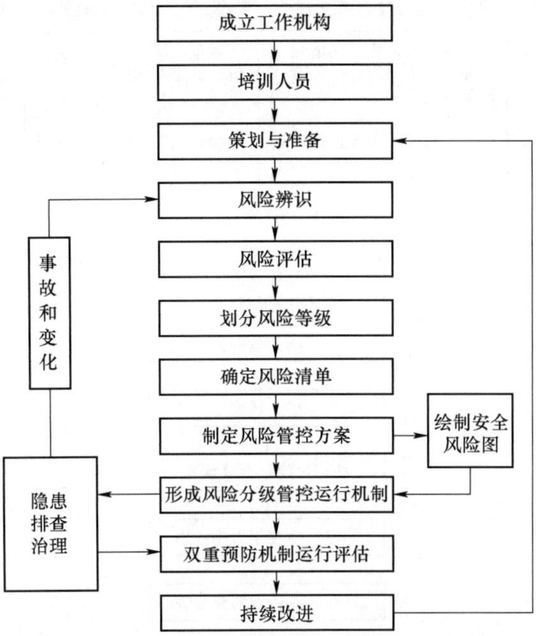

图6－2　双重预防机制建设程序

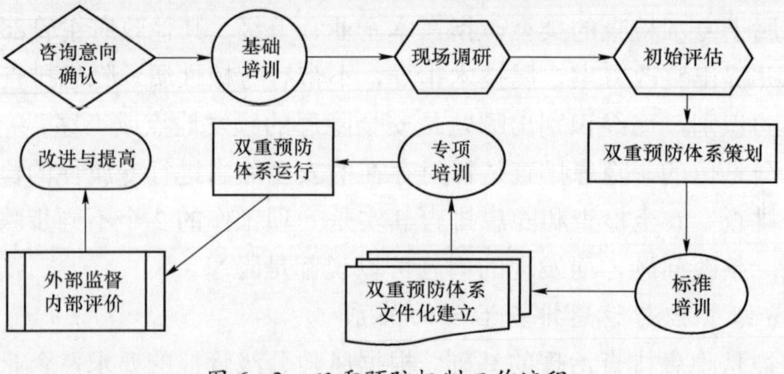

图 6-3　双重预防机制工作流程

其中，风险管控是双重预防机制工作的核心，应开展以下四方面的工作：

（1）进行风险点分析。组织对生产经营全过程进行风险点排查，并重点排查生产工艺技术及流程，易燃易爆、有毒有害生产场所，有/受限空间等设备设施、部位、场所、区域以及相关作业活动。

（2）进行风险因素辨识。对排查出的风险点选择适用的分析辨识方法进行风险因素辨识，明确可能存在的不安全行为、不安全状态、管理缺陷和环境影响因素。

（3）进行风险评价和确定风险管控清单。根据风险因素辨识情况，对风险点进行定性定量评价，确定风险管控清单，确定风险等级，分为重大风险、较大风险、一般风险和低风险四个等级。

（4）研究制定和实施风险管控措施。

风险管控程序如图 6-4 所示。该流程循序渐进，才能有效地实施风险分级管控。

风险管控的工作流程如图 6-5 所示。风险辨识流程如图 6-6 所示。

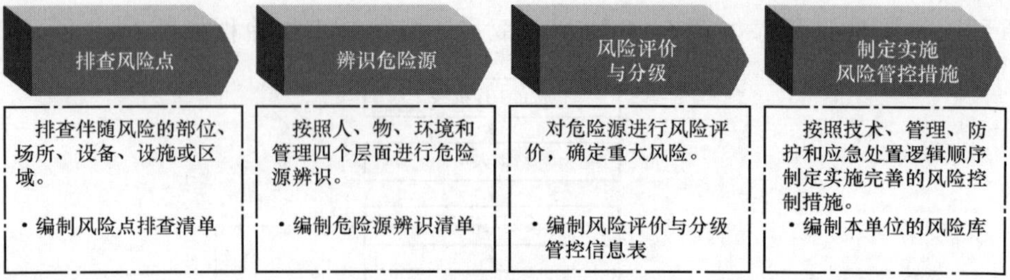

图 6-4　风险管控程序

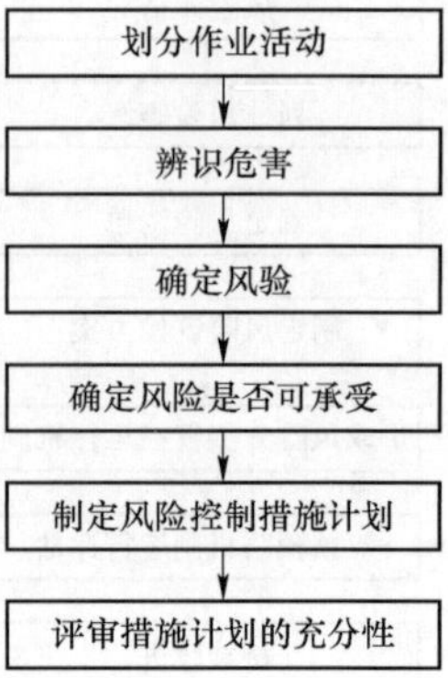

图 6-5　风险管控的工作流程

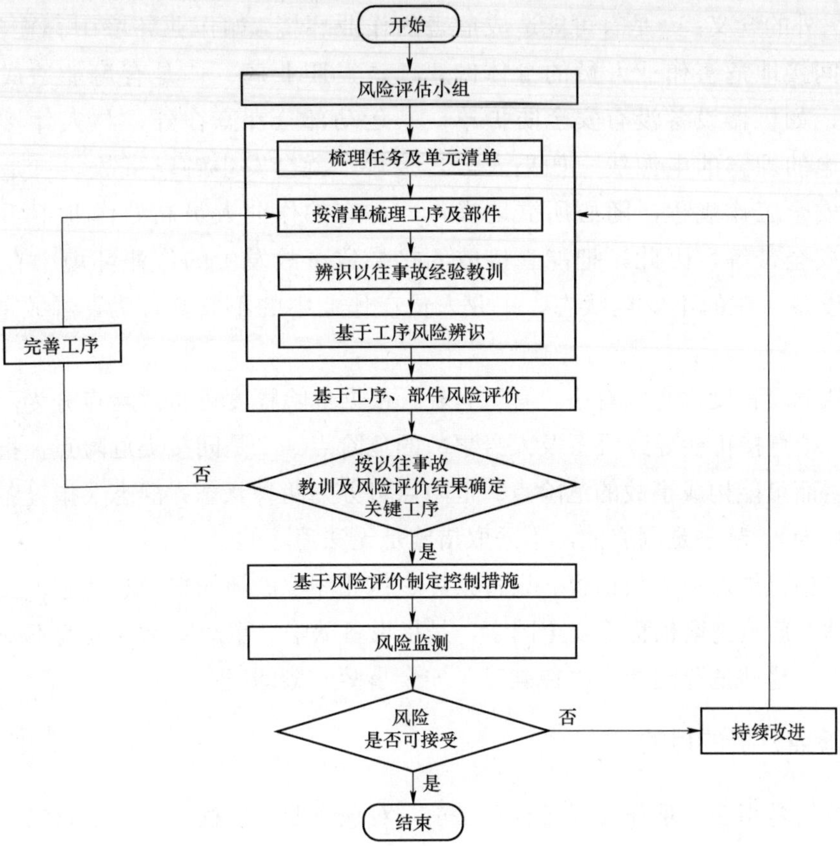

图 6-6　风险辨识流程

第三节　风险识别的目的、原则、对象及划分方法

风险辨识是指在风险事故发生之前，人们运用各种方法系统地、连续地分析、识别所面临的各种风险源因素以及找出事故发生的存在或潜在原因。

一、危险点、危险源和危险因素

危险是指若事故发生的可能性（概率）和所具有危害性（严重程度）超过了允许限度，则所从事的活动或对象系统是危险的，没有危险性则认为是安全的。不论发生什么事故，一般情况下都是由危险因素加上人员过失所造成的。危险本身含有许多不确定因素，生产过程中有许多因素是随机的，特别是受人在作业中的心理和精神状态的影响。

危险点是指在作业过程中可能发生人身或火灾、设备损坏事故的地点、设备、工器具或人的不安全行为，每次作业中危险点，可能是一个，也可能是多个。危险点是一种诱发事故的隐患点，危险点具有多元性、可控性、可预知性、潜在性、复杂多变性，不同作业点存在危险点不一样，就是同类作业中危险点也具有差异性。

危险点另外的含义：一是有可能造成危害的作业环境，如作业环境中存在的有毒物质，将会直接或间接地危害作业人员的身体健康，诱发职业病。二是有可能造成危害的机器设备等物体，如机器设备没有安全防护罩，其运动部分裸露在外，与人体接触，就会造成伤害；带电的裸露的电源线，如果人与之接触，就会发生触电事故。三是作业人员在作业中违反安全工作规程，随心所欲地操作，如有的作业人员高处作业不系安全带或不按规定系好安全带等。因此，把能直接或间接导致事故发生的作业环境中存在的不安全因素、机器设备存在的不安全状态、作业人员在作业中的不安全行为，看成是作业中存在的危险点。

危险点从危险程度讲有大有小、有重有轻，根据危险程度可将危险点分为两类：一是直接类危险点，指直接可能导致设备及人身事故的危险点。二是间接类危险点，指通过直接类危险点起作用而可能构成事故的危险点。危险点可分为两种状态：静态（指设备装置）和动态（指人的行为）。静态是固有的，不采取措施是无法消除的。

危险源是指可能造成人员伤害、设备损坏、作业环境破坏的根源和状态，如焚烧炉、燃油区、变电站。危险因素也称不安全因素，是指设备缺陷、事故隐患及人的不安全行为和管理缺陷四方面，这些危险因素失去控制时，安全事故一触即发。

二、危险点分析的目的

危险点分析是指在一项作业或工程开工前，对该作业（工程）所存在的危险类别、发生条件、可能产生的后果等进行分析，找出危险点并全力去控制。开展危险点分析的目的就是从技术措施、安全措施、组织措施上找出发生事故的危险因素（不安全因素），采取周密、可靠的措施和手段，消除危险点，控制事故发生。

应用危险点分析方法，能对作业全过程的危险因素进行分析控制，弥补了“两票三制”中的一些空白，是针对性很强的一种补充安全措施。便于提高员工安全意识，增强员工自我防护能力，有利于员工纠正习惯性违章。

三、危险源识别的目的

危险源识别就是组织全员对安全风险进行全面、系统的辨识，分析所有活动及区域中存在的风险，确定风险等级，采取相对应的风险控制措施，实现风险管控管理关口前移，以便事前预防，消减危害，实现控制风险的目的。

危险源辨识可以起到分析各类危险因素及其存在原因，评价危险因素发生的概率，评价危险因素的后果、造成事故影响的范围及提出危险源预防控制措施及反事故预案的作用。

垃圾发电企业应根据相关技术标准，组织相关专业人员，全面开展生产安全风险危害辨识与风险评估，分类、分专业、分级、分层制定生产安全风险管控计划，逐级分解，形成本单位生产安全风险数据库和较大及以上生产安全风险清单。

四、危险源分类

危险源分为物理性危险源、化学性危险源、生物性危险源、行为性危险源、心理性危险源、生理性危险源和其他危险源等类别。

五、危险源识别的原则

危险源识别和预控工作应遵循以下原则。

（一）科学性

危险源识别是分辨、识别、分析确定系统内存在的危险，是预测安全状态和事故发生途径的一种手段，危险因素识别必须要有科学的安全理论做指导，使之能真正揭示系统安全状况，危险因素存在的部位、存在的方式、事故发生的途径及其变化的规律，并予以准确描述，以定性、定量的概念清楚地显示出来，用严密的合乎逻辑的理论予以解释，切实抓住事故发生的根源及风险。

（二）系统性

危险、有害因素存在于生产活动的各个方面，因此要对系统进行全面、详细的剖析，研究系统及子系统之间的关系，分清主要危险、有害因素及其相关的危险。要贯穿于垃圾发电企业生产运行、检修、消缺、维护、检验试验等所有活动。

（三）全面性

识别危险因素时不要发生遗漏，以免留下隐患。要从厂址、自然条件、建（构）筑物、工艺过程、生产设备装置、特种设备、公用工程、安全管理、人员行为和人员意识等各方面进行分析、识别。不仅要分析正常生产运行中存在的危险、有害因素，还要分析、识别开机、停机、检修、装置受到破坏以及操作失误情况下的危险、有害后果。

（四）预测性

对于危险因素，还要分析其触发事件，即危险因素出现的条件或设想的事故模式。

（五）分级管控

对风险进行分级，实行分级管控。

（六）全员参与

依靠各个岗位的员工，开展危险源辨识。要鼓励和动员全体员工积极参加危险源辨识工作，辨识和查找身边的危险。

（七）支持与协助

各级领导要积极支持、参与，要保证人力、物力、资金的投入，领导要协调各专业、各部门做好配合。

（八）持续改进

静态与动态相结合，不断改进。

六、风险辨识对象

垃圾发电企业生产安全健康及生态环境风险辨识对象主要包括以下五个方面。

（1）运行作业活动风险。

（2）检修作业活动风险。

（3）生产区域环境风险。

（4）设备故障风险。

（5）管理行为风险。

七、风险划分方法

（1）按工艺流程。

（2）按作业场所。

（3）按设备设施。

（4）按区域。

第四节　危险源识别形式、准备及方法

一、危险源识别形式

危险源识别可以参考 GB/T 13861—2022《生产过程危险和有害因素分类与代码》和 DL/T 1843—2018《垃圾发电厂危险源辨识和评价规范》。

根据垃圾发电生产特征，辨识形式包括基础辨识、专项辨识和持续辨识。

（一）基础辨识

企业在进行风险预控前，应系统性排查所有垃圾发电企业生产的各类风险。基础辨识的结果应形成企业基础风险清单。

（二）专项辨识

当生产条件、环境、设备设施、人员或管理发生较大变化或生产过程中发生事故时，企业应专门针对性开展风险的重新辨识，辨识后应及时完善和更新风险清单、典型操作票、工作票及相关制度等。

（三）持续辨识

每次运行操作、检修作业前，企业应参照风险清单动态开展作业前的危险、有害辨识与分析，确保风险的针对性、完善性和实时有效性。企业每年应更新、完善风险清单，以确保针对性和有效性，并提高应用效率。

二、危险源辨识准备

危险源辨识准备工作包括基础准备、明确危险源识别活动和确定任务清单及工序等。

（一）基础准备

基础准备包括成立危险源评估小组、编制评估方案、信息沟通和收集、确定评审标准及开展专项培训等。

1. 成立危险源辨识小组

根据评估对象，小组成员应由具有丰富现场经验的作业人员及相关管理人员参加，必要时可聘请相关领域的专家为评估工作进行技术指导。

2. 编制评估方案

企业开展风险辨识需编制专项方案，明确方法、进度及人员分工等，方案应具有针对性、预见性。方案应包括工作程序、工作组成员信息和工作任务、工作内容和进度要求以及其他相关部门配合工作的具体内容、评估需要的资料清单等。

3. 信息沟通和收集

企业开展风险辨识前，需先准备及详细收集相关与风险有关的信息和资料。安健环管理监察部门要收集国家、地方、行业和企业关于安健环方面的法律、法规、标准、制度等资料，掌握、了解相关的规定。确保评估工作的全面性和系统性，包括但不限于：

（1）企业所面临的安全、职业健康及生态环境保护的区域环境及风险。

（2）以往各类安全环境保护审核、评价与评审。

（3）现有生产管理体系和程序的检查。

（4）所有涉及的改进措施要求。

（5）以往的事件、事故。

（6）员工或相关方关注及要求。

4. 确定评审标准

开展风险辨识策划时，应充分梳理、收集并对照以下准则进行，确保评估的针对性和预控措施的有效性。

（1）有关安全生产法律、法规及政府部门其他要求。

（2）有关设计规范、技术标准。

（3）有关电业安全工作规程。

（4）《防止电力生产事故的二十五项重点要求（2023 版）》（国能发安全〔2023〕22 号）。

（5）隐患排查与治理要求。

（6）企业管理标准、技术标准、操作规程。

（7）企业安全生产方针和目标。

5. 开展专项培训

需对所有参加辨识的人员开展专项培训，明确辨识范围、程序、方法和任务分工，培训应在正式辨识开展前至少进行一次，在辨识过程中结合工作进度随时增补，人员技能应确保辨识工作的顺利进行。培训内容包括但不限于：

（1）危险源辨识、风险评价及其控制策划的基础知识。

（2）国家、行业相关法律法规、标准及上级单位相关制度和要求。

（3）辨识技能、方法。

（4）风险评价及控制措施制定方法。

（5）其他有关内容。

（二）明确危险源辨识活动

危险源辨识是对生产经营全过程进行危险源识别，应全面、系统、多角度、无漏项，充分考虑正常、异常、紧急等状态以及过去、现在、将来等时态。辨识的主要活动包括：

1. 常规活动（正常的生产活动）

（1）所有进入作业场所的人员（包括员工、外委承包商人员、访问者）。

（2）生产所有的设施，如建筑物、设施、设备（含自有或租赁、分包商自带）及其安全防护、检验检测情况。

（3）生产工艺技术及流程。

（4）日常生产运行管理。

2. 非常规活动

（1）临时的抢修、重大检修维修作业。

（2）易燃易爆、有毒有害生产场所，如渗滤液处理设施内部。

（3）有/受限作业空间，如焚烧炉内部、锅炉汽包内部。

（4）高处作业、临时用电、动火等特殊作业活动。

3. 特别考虑的活动

（1）国家法律、法规明确规定的特殊作业工种、特殊行业工种。

（2）国家法律、法规明确规定的危险设备、设施和工程。

（3）具有接触有毒有害物质的作业活动和情况。

（4）具有易燃易爆特性的作业活动和情况。

（5）具有职业性健康伤害的作业活动和情况。

（6）曾经发生和行业内经常发生事故的作业和情况。

（7）认为有单独进行评价需要的活动和情况。

（三）确定任务清单及工序

企业开展风险评估工作应遵循循序渐进、持续改进的方针，需先确定典型任务清单、区域清单、设备单元及管理单元，以点带面，逐步完善。建立任务清单及工序时，应考虑：

1. 作业活动清单

（1）各专业管理惯例及其特点。如锅炉、汽轮机、电气、热控、化学、垃圾仓各专业兼顾。

（2）运行、检修作业活动本身的重要性、代表性。如同一类型的操作或作业可以先整合或取一个，但本身属重要的作业予以保留。

（3）风险的特性及重要性。如相近的系统（设备）或风险作业进行合并，而将风险较多、风险较大的作为典型加以辨识。

（4）常规和非常规作业活动。如日常操作或维护作业、检修作业、紧急异常作业等。

2. 系统设备清单

系统设备清单确定应体现通用性，按专业和系统对设备进行详细归类，对各归类设备确定清单，应确保：

（1）系统的全面性。按机组等级、专业分类建立系统设备清单框架，包含自垃圾入厂到电能输出的垃圾发电生产全过程，按工艺系统流程进行划分。

（2）设备的代表性。系统包含的具体设备名称，多台相同的设备可统一编制。

（3）部件的典型性。体现功能性、安全性部件，主要包括风险概率较大、风险后果严重的部件。

3. 区域清单

区域单元的划分应按网格化标准管理要求：

（1）符合行业区域或厂房名称惯例，如汽机房、锅炉房 0m 层、发电机运转层、垃圾仓区域等。

（2）区域整体性与生产运行、检修习惯兼顾。如高压配电室、低压及直流配电室、蓄电池室等。

（3）与运行、检修作业活动的有机结合。如根据设备布置自身特点，可把汽轮机 0m 再分割成凝汽器区域、给水泵区域，锅炉房 0m 再分割成一次风机、出渣机区域等。

4. 确定管理单元及活动清单

管理单元及活动确定应围绕岗位及其对应职责，按日常管理和现场作业组织管理两个层面确定。

（1）管理岗位。如总经理、部门经理（运行、检修、后勤服务、安全监督部门）、班组（值）长、项目负责人、工作票签发人、许可人、工作负责人、安全专职人员等。

（2）管理活动。

1）日常管理活动。如目标责任制、制度体系、教育培训、风险评估预控与隐患排查治理、技术监督及人、财、物投入管理等。

2）现场作业组织管理。如运行重大操作、试验、检修危险作业、机组检修或技改项目管理等。

5. 确定作业工序

作业活动风险评估工序包括固定工序和可变工序。固定工序是为确保风险评估的完整性而特定的通用工序，可变工序需要企业按照运行、检修实际作业步序、工艺和内容确定。

三、危险源识别方法

企业应结合生产工艺、作业活动、设备设施、物料、场所环境、人员等情况，选择适宜的危险源辨识方法，开展危险源辨识工作。识别内容包括不安全行为、不安全状态、管理缺陷、环境影响和职业健康危害等因素。

传统的辨识是依据经验进行，如采用交谈、现场检查、查阅记录等。随着系统安全工程的发展，危险源辨识方法出现几十种，如专家评议法、故障类型与影响分析法、安全检查表法、工作危险分析法、作业条件危险性评价法等。

在选择评价方法前，要能充分了解各种方法的优缺点、适用性、针对性，选用适用的辨识方法，保证选择的风险评价方法能够有针对性地提供所需结果。如作业活动危险源辨识可选择工作危险分析。下面介绍其中几种典型的危险源辨识方法。

（一）安全检查表（Safety Check List，SCL）法

1. 安全检查表法定义

安全检查表法是以提问的方式把检查项目按系统的组成顺序编制成表，将一系列检查项目列入检查表，以便进行检查或评审，辨识出存在的危险源，以确定系统、设备的状态是否符合安全要求，通过检查发现系统中存在的安全隐患，提出改进措施的一种方法。检查项目包括场地、周边环境、设施、设备、操作、管理等各方面。

安全检查表是进行安全检查、发现和查明各种危险和隐患、监督各项安全规章制度的实施、及时发现并制止违章行为的有力工具。由于这种检查表可以事先编制并组织实施，垃圾发电企业可以利用现有的安全检查表或安全评价表进行危险源辨识。安全检查表评价流程如图 6－7 所示。

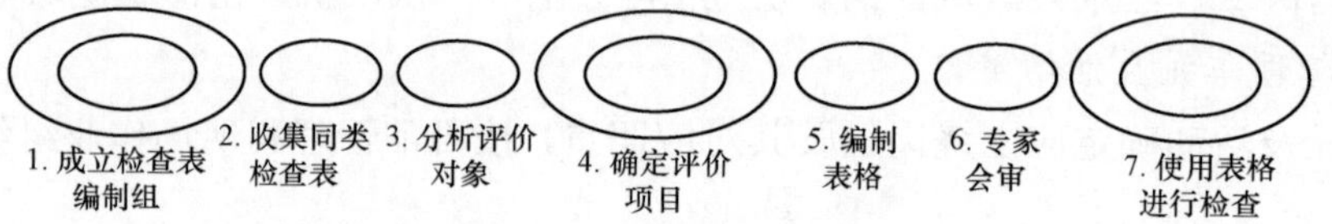

图 6－7　安全检查表评价流程

检查表的编制依据是有关标准、规范及规定，事故案例，系统分析确定的危险部位及防范措施，人员的经验等。SCL 法主要用于垃圾发电企业区域风险、管理风险或设备风险的辨识和评价。

2. 安全检查表法示例

某垃圾发电厂要对汽轮机凝汽系统进行危险源辨识，先组织相关人员编制汽轮机凝汽器的安全检查表，编制人员收集了相关的标准、规范及规定，依据这些文件编制安全检查表，见表 6－1，并依据此表进行危险源辨识。

表 6－1　　安全检查及风险评价表

位置：生产装置　　　　设备设施名称：凝汽器

评价人员：　　　　　　日期：　年　月　日

序号	检查项目	标准	未达标准的主要后果	现有控制措施	风险评价			建议改正/控制措施
					L	S	R	
1	基础	平台底座表面无裂缝	设备损坏、泄漏	定时巡检	1	5	5	进行防腐处理
		无倾斜、沉降	设备损坏、泄漏	定时巡检	1	5	5	定期进行检测
2	本体	无腐蚀减薄	耐压不够、爆炸	外观防腐刷漆或采用耐腐蚀材质	2	4	8	定期进行年检

续表

序号	检查项目	标准	未达标准的主要后果	现有控制措施	风险评价			建议改正/控制措施
					L	S	R	
2	本体	进、出口无堵塞	超压引起爆炸	定期巡检，每小时一次，检查进、出口是否堵塞	3	3	9	保温良好
		无超温现象	导致设备损坏，引起事故	严格控制加料速度及循环水的流量	2	3	6	采用集中自动控制
		无超压现象	导致爆炸事故	控制反应速度	3	4	12	采用集中自动控制
		法兰、螺栓无严重腐蚀	泄漏引起爆炸	定期抹油、检修	3	2	6	加防护套
3	进出管道、循环水	无泄漏	引起燃爆、污染	每小时进行一次巡检	2	3	6	定期年检
		无严重腐蚀、变形	泄漏引起燃爆、污染	每小时进行一次巡检	2	3	6	定期年检
4	阀门	填料磨损量不引起液体向外泄漏	引起燃爆、污染	每小时进行一次巡检	2	3	6	使用符合要求的阀门
		阀体无缺陷	泄漏引起燃爆、污染；不能操作，影响生产	更换阀门前进行检查	1	3	3	使用前进行打压试验

表 6－1 中，L 代表危险发生的频率（可能性），S 代表后果严重的程度（现有的预防、检测、控制措施），R 代表风险度，其三者关系为 $R=L\times S$。其中，L 和 S 均采用 1～5 级。当 R 为 20～25 时，为重大风险；当 R 为 15～16 时，为较大风险；当 R 为 9～12 时，为一般风险；当 R 为 4～8 时，为可接受风险；当 R 小于 4 时，为低风险。

（二）工作危险分析（Job Hazard Analysis，JHA）法

工作危险分析法主要用于垃圾发电企业的运行操作、设备检修和管理活动等任务和岗位风险辨识、分析。

1. 工作危险分析法定义

工作危险分析法就是首先确定工作任务，再将工作任务分解为数个小步骤，然后对工作过程的危险因素进行逐步分析，识别出单元中存在的危险因素，并针对危险因素制定管控措施，对危险实施控制和预防。其中，工作指什么岗位、什么作业活动、哪些步骤；危险指存在什么问题、产生什么后果；分析指根据工作活动，找出存在的问题，对照标准，制定防范措施。这是安全管理中使用最普遍的一种作业风险分析与管控的管理工具。

2. JHA 识别危险源的基本原则

JHA 识别危险源的基本原则是先找出可能的事故、伤害发生结果，再分析其原因（即危险源）。

3. 利用 JHA 识别危险源的步骤

（1）责任划分。明确不同部门人员的分工，原则是识别本人所在部门的危险源。办公区域和活动统一识别，不同部门的类似活动统一识别，公共设施统一识别，同样的伤害在不同

部门有不同的表现形式，应分开识别，相关方分开识别。

（2）收集资料。收集识别范围内的资料，列出识别范围内活动或工艺流程所涉及的所有方面。如“人”的禁忌作业、特殊要求，“机”的生产设备、特殊单体设备等，“料”的使用物料，“法”的安全措施、工艺过程等，“环”的厂址、平面布局、粉尘、高温、危险化学品、有毒有害气体等。

（3）划分区域。根据厂址、厂区平面布局、建（构）筑物布置、生产工艺流程（重点）、生产设备装置（重点）、作业环境及管理措施等因素来进行区域划分。划分区域前要充分掌握相关情况：

厂址要掌握其工程地质情况、周围环境状况、交通情况、抢险救灾和消防支持条件等。建（构）筑物布置要掌握厂区功能分区，防火、卫生防护和安全间距，高温、辐射、有毒有害气体、危险品设备设施布置，厂区道路、安全通道、运输通道、门的朝向和布置、生产卫生设施等。

1）生产工艺流程要掌握毒性、腐蚀性、易燃易爆物料、工艺过程参数、作业条件、事故特征等。

2）生产设备装置要掌握热力设备、机械设备、电气设备等的控制、操作、检修和事故状态下的运行状况、事故类别，危险性较大设备、高处设备和特殊单体设备的状况。如焚烧炉、渗滤液处理设施、油库。

3）管理和作业环境要掌握劳动保护和职业健康要求，粉尘、有毒、噪声、振动、高温等有害作业区域。

危险因素辨识范围如图 6－8 所示。

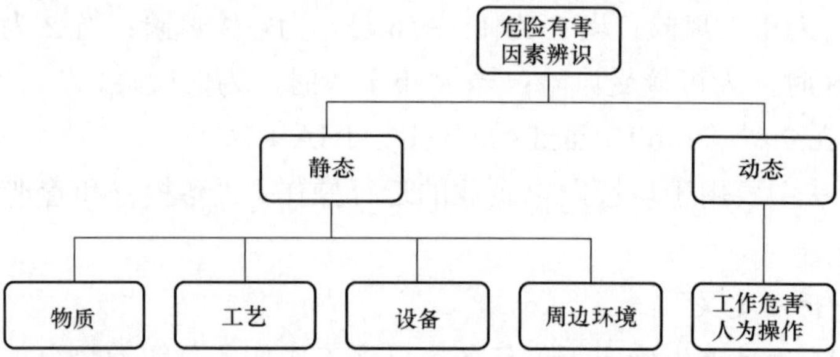

图 6－8　危险因素辨识范围

（4）确定辨识对象。生产过程按设备、物料状态和作业环境划分识别对象，识别对象不宜过细或者过粗。

（5）现场观察。观察现场的人员活动、非常规活动，设备的噪声、粉尘排放等，场地的空间布局，通道的状况，是否有异物，是否有潜在的危险等。

（6）设备分析。分析设备的种类，设备所在的位置、状态，设备运行要点，设备使用的物料，设备有关的异常和紧急情况，以前发生的事故等。

（7）分解作业活动。将待作业工作分解成一系列的步骤，每一个步骤都是作业活动的一部分。如锅炉水压试验分解成试验前的准备、设备送电、表计校验、启动给水泵、锅炉上水、升压等步骤。划分作业步骤既不能太笼统，也不能太细。

（8）危险辨识。辨识每一步骤存在的危险因素以及可能导致的后果。如设备送电步骤时可能存在触电危险，启动给水泵步骤时可能存在机械伤害危险。

（9）制定防范措施。根据每一步骤存在的危险因素和可能发生的事故，制定相应的防范措施，措施要具有可操作性、针对性和有效性。如为防止启动给水泵过程中可能发生的机械伤害，给水泵启动前要检查地脚螺栓是否紧固、联轴器是否牢靠，人员在启动过程中应站在给水泵的轴线方向上。

（三）作业条件危险性评价（Likelihood Exposure Consequence，LEC）法

作业条件危险性评价法是评价人们在某种具有潜在危险的作业环境中进行作业的危险程度的方法，该法简单易行，危险程度的级别划分比较清楚、醒目。由于它主要是根据经验来确定 3 个因素的分数值及划定危险程度等级，所以具有一定的局限性。

影响危险性的主要因素一般有 3 个，分别是发生事情或危险事件的可能性 L、人体暴露在这种危险环境的频繁程度 E、事故一旦发生可能产生的后果 C。用这三个指标之积来评价危险性的大小。即作业条件的危险性分值 D 用公式来表示，则

$$D=L\times E\times C$$

这是一种评价在危险性作业环境中作业时危险性的半定量评价方法，是一种简单易行的评价作业条件危险性的方法。

取得这三种因素的科学准确的数据是一个相当烦琐的过程，为了简化评价过程，采用半定量评价法，确定上述 3 个具有潜在危险性的作业条件的分值（LEC 法评分标准见表 6-2），再按 D 的分值划分或评定危险等级。

表 6-2　　LEC 法评分标准

序号	分数值	分值标准
L——危险事件的可能性		
1	10	完全可以预料
2	6	相当可能
3	3	可能，但不经常
4	1	可能性小，完全意外
5	0.5	很不可能，可以设想
6	0.2	极不可能
7	0.1	实际不可能
E——人体暴露在这种危险环境中的频繁程度		
1	10	连续暴露
2	6	每天工作时间内暴露
3	3	每周一次或偶然暴露
4	2	每月一次暴露
5	1	每年几次暴露
6	0.5	罕见暴露

续表

序号	分数值	分值标准
	C——事故一旦发生可能产生的后果	
1	100	大灾难，许多人死亡
2	40	灾难，数人死亡
3	15	非常严重，一人死亡
4	7	严重，重伤
5	3	重大，致残
6	1	引人注目，需要救护
	D——危险性分值	
1	＞320	极其危险，不能继续作业
2	160～320	高度危险，要立即整改
3	70～160	显著危险，需要整改
4	20～70	一般危险，需要注意
5	＜20	稍有危险，可以接受

危险等级划分见表 6－3。

表 6－3　　危险等级的划分

分数值	危害程度	风险级别
＞320	极其危险，不能继续作业	Ⅰ级
160～320	高度危险，要立即整改	Ⅱ级
70～160	显著危险，需要整改	Ⅲ级
20～70	一般危险，需要注意	Ⅳ级
＜20	稍有危险，可以接受	Ⅴ级

由经验可知，危险性分值在 20 以下的环境属低危险性，一般可以被人们接受。当危险性分值在 20～70 时，则需要加以注意。当危险性分值为 70～160 的情况时则有明显的危险，需要采取措施进行整改。当危险性分值在 160～320 的作业条件的属高度危险的作业条件，必须立即采取措施进行整改。当危险性分值在 320 以上时，则表示该作业条件极其危险，应该立即停止作业，直到作业条件得到改善为止。

识别结束后，应当列明危险源的名称、所在位置、可能导致的事故类型及后果、防护措施等，并公布危险源管控清单、区域风险告知卡、岗位风险告知卡、设备风险告知卡和风险四色图等。

第五节　垃圾发电危险因素和事故种类

一、垃圾发电主要危险因素

垃圾发电设备系统复杂，有热机设备、电气设备、渗滤液处理设备等，因设备系统运转有周期性，当设备运转到一定周期时需停运进行检修维护。因此，垃圾发电设备有检修、运行、备用三种状态。设备系统在生产现场进行运行、检修维护时存在危险，甚至危及人身安全。

从垃圾发电企业作业人员受到伤害的类别与产生的原因入手，垃圾发电存在着如下的危险因素。

（一）人的不安全因素

人的不安全因素包括心理、生理性危险和有害因素、行为性危险和有害因素。

（二）物的不安全状态

物的不安全状态因素是指高压带电设备、高温高压汽水、高温灰渣、热风、化学危险品、高温阀门和转动设备等。

（三）环境的不良状况

环境的不良状况是指室内、室外和地下等作业环境不良，如地面湿滑、照明不好、通风不畅等。

（四）管理漏洞或失误

管理漏洞或失误是指日常管理漏洞或失误、作业现场管理漏洞或失误，如安健环投入不足、现场监护制度未落实等。

（五）生态环境因素

生态环境因素是指大气、噪声、废弃物、合规性等问题。

二、垃圾发电的事故种类

对照国家有关事故类型规定，垃圾发电事故类型包括：

（1）人身触电。设备停电、送电、验电、带电作业、电动机试转、接电源、接照明、使用电器工具、电气设备系统的试验等作业及操作。

（2）机械伤害。转机设备，如给水泵、疏水泵、引风机、送风机等设备检修作业。

（3）物体打击。转动机械，如给水泵、凝结水泵、疏水泵；风机，如引风机、送风机、排烟风机检修作业；阀门、管道、容器内的检修作业，如省煤器、过热器等作业；脚手架的拆除与搭设；发电机、变压器的检修作业等。

（4）起重伤害。大型物件的吊装，如吊装汽轮发电机转子、汽缸大型物件等。

（5）高温烫伤。高温汽水管道、风烟系统上检修作业、飞灰系统作业等。

（6）高处坠落。汽轮机、锅炉及高温管道的保温拆除及恢复，除氧器检修作业，锅炉水冷壁更换，脱硫、脱硝设备烟道外表的检修，大型变压器检修作业，高度超过 1.5m 管道的架设及焊接，高处阀门检修作业，脚手架搭设与拆除。

（7）落物伤人。起重吊装物件，如吊装管道、阀门；在起吊的重物下行走或坐立；锅炉本体交叉作业、脚手架的拆除与搭设。

（8）烧伤。有毒有害气体爆燃、误送电引起的电弧烧伤、巡检时避雷器爆炸伤人、卸酸卸碱操作。

（9）中毒和窒息。垃圾焚烧炉内部、渗滤液收集的廊道和容器等有/受限空间内的作业，脱硫吸收塔、烟道、水箱、罐体内防腐作业，加氨系统检修作业。

（10）火灾及爆炸。渗滤液处理系统、燃油系统上的动火作业，电缆沟电缆夹内动火作业，电子间、配电室内的动火作业，其他易燃易爆区内的动火作业、检修作业。

（11）车辆伤害。厂内工程车辆作业、垃圾卸料作业、物料卸料作业、员工通勤。

（12）坍塌。

（13）锅炉爆炸。

（14）气体爆炸。

（15）容器爆炸。

（16）未遂。

（17）异常。

（18）障碍。

（19）电网事故。

（20）职业病伤害。中暑、噪声耳聋等。

（21）生态环境保护事件。大气污染、噪声污染、水土污染和生态环境行政违规等。

第六节　危险因素控制

一、危险因素控制的目的

危险因素控制就是引导员工对生产中的每项工作，根据作业内容、工作方法、环境、人员状况等分析可能产生危及人身或设备安全的危险因素，再依据安全作业程序，采取可靠的防范措施，以达到防止事故发生的目的。这是一种以工作危险预想方式，针对作业实际情况，提醒员工注意，采取措施，防止可能发生事故的有效方法。

二、危险因素控制要求

为了做好危险因素控制，要求：

（1）了解该设备系统的功能、结构以及运行情况，并且明确工作任务后，才能对影响安全的危险因素进行分析。

（2）在分析危险因素时，不能漫无边际地罗列各种因素，这样会使问题复杂化，找不出真正的影响因素。因此，在分析危险因素时，应该对分析范围的边界加以限定，以便在有限的、确定的范围内列出所有影响安全的危险因素，抓住重点，制定有效的防范控制措施。

三、危险因素控制措施

（1）复杂作业项目，事先制定、审核、批准的安全、组织、技术措施方案，应在工作开工前三天，下发至班组（值），提前组织作业人员学习和进行危险因素分析，填写预控措施卡。

（2）一般性作业项目的“危险因素控制措施卡”，作为工作票的附页，与工作票一并执行。

（3）现场作业、运行操作严格执行“两票”管理制度，杜绝无票作业。重大特殊、复杂的电气、有/受限空间及热力系统的操作，在执行操作票时必须同时执行“危险因素控制措施卡”。

（4）班长在安排工作召开班前会时，应结合当天作业点、工作内容、人员精神状态等，宣讲作业中危险因素分析和作业中安全注意事项。班后会总结危险因素控制措施执行中存在的问题，以便改进工作。

（5）加强作业现场监护，开展作业前危险点分析并做好相应防范措施。作业开工前，工作负责人在向全体作业人员交代工作票安全措施和安全注意事项的同时，应宣讲已经审核批准的“危险因素控制措施卡”的措施要求。检查所列各项措施是否已正确执行，执行人应在已执行栏内签名。全体工作人员确认无问题后，按照规定在“危险因素控制措施卡”上签名。

（6）作业全过程中，全体工作人员严格遵守 GB 26164.1—2010《电业安全工作规程　第 1 部分：热力和机械》、GB 26860—2011《电力安全工作规程　发电厂和变电站电气部分》的规定，认真执行“危险因素控制措施卡”各项措施要求。工作负责人在工作监护中，随时监督检查每个工作人员执行安全措施的情况，及时纠正不安全的行为。

（7）班长、管理人员、部门专业人员和各级安全监察人员应经常深入作业现场监督检查“危险因素控制措施卡”是否正确执行，及时纠正违章现象。

（8）每次作业结束后，要及时总结危险因素分析、措施制定及执行中存在的问题，不断改进完善，为下次进行同类作业提供好的经验。

（9）工作人员必须身体健康，定期体检合格，对不适于担任相应工作的人员，调换其他工作。

（10）对于新参加工作人员、换岗、复岗人员应进行三级安全教育，考试合格后方可进行岗位技术学习。特种作业人员应持证上岗。

（11）认真学习、贯彻执行 GB 26164.1—2010《电业安全工作规程　第 1 部分：热力和机械》、GB 26860—2011《电力安全工作规程　发电厂和变电站电气部分》，提高专业素质和安全意识。

（12）按规定使用、正确佩戴齐全劳动保护用品，高处作业系安全带，进入生产现场戴安全帽、穿工作服等。

（13）生产现场楼梯、孔洞、平台、栏杆、照明符合电业安全工作规程的规定。

（14）禁止靠近和长时间停留在容易受到烫伤、气体中毒的地方，如高温管道、阀门、安全门、人孔、渗滤液处理系统的沟道等。不要触摸裸露的电线，不准随便移动电气设备上的标志牌等。

（15）转动机械在停止前禁止进行修理工作，必须将转动机械的系统确实隔断，电源停电、出入口阀门悬挂“禁止操作，有人工作”牌，检查无误后方可进行修理工作。

（16）进入油区、渗滤液区域等易燃易爆场所要禁止带火种，禁止穿化纤衣服，禁止穿钉鞋，禁止做能够产生火花的工作，如需进行此类工作，做好防火措施。

（17）进入井下、渗滤液沟道、容器内等有/受限空间作业，先检查无有害气体、通风良好，做好与系统隔离措施，设置监护人后方可作业。

（18）进行焊接作业要穿好专用工作服，戴好专用手套、焊工帽，做好相应安全措施，易燃易爆场所需办理动火工作票后方可进行作业。

（19）使用卷扬机、手拉或电动葫芦、千斤顶等起重设备，严格按照操作规定操作，防止起重作业造成的人员伤害。

（20）驾驶厂内机动车辆要持证，禁止超速、超载、违章载人行驶。作业前要检查车辆状态完好才能开始作业。

第七节　风险评价、分类及分级

一、风险评价

风险评价是进行风险管理的前提，是双重预防机制工作的重要内容，也是风险管控最为关键的核心环节。合适的风险评价方法将直接影响评价效果。

风险评价的方法众多，一般按照评价结果的量化程度将其分为定性评价法、半定量评价法和定量评价法三种。在具体实践中需根据安全健康与生态环境风险特性的不同，分别采用定性、半定量、定量或其组合风险分析与评价法。

风险评价应由有关管理人员、技术人员成立评价小组，在熟悉作业现场、相关法规、标准、评价方法后进行。风险评价要联系实际，既要评价可能发生的事故后果，更要参照以往的经验实事求是地分析发生的可能性。风险评价的步骤可参照 DL/T 2430—2021《垃圾焚烧发电厂安全生产评价导则》。

（一）定性评价法

定性评价法一般指由具有不同专业知识且熟悉评价系统的专家，凭借各自知识和实践经验，以及掌握的同类或类似事故资料，对系统的危险事故或故障发生的可能性及其后果的影响进行讨论分析的方法（比如专家打分法）。这种评价方法在实际应用时易受经验、分析判断能力以及可获取资料等影响，评价结果的准确性虽然有时相对较差，但在系统全面分析或缺乏可靠数据的情况下，可通过定性评价的方法了解系统的安全程度，找出发生事故的危险因素，对后续风险分析、制定安全对策和隐患整改都有一定益处。

专家打分评价法由评价小组（一般 5～7 人）对本单位已辨识出的危险源进行逐个打分，根据分值大小确定一般危险源和重大危险源。在评价时要考虑：伤害程度、风险发生的可能性、法律法规符合性、影响程度、资源消耗等因素。评价时，利用《危险源评价专家打分法分值表》，几人同时对某一危险源进行打分，然后将各位专家的分值相加，再除以人数，所得分数即为风险评价分数。评价情况填入《危险源（专家打分法）评价表》。

（二）半定量评价法

半定量评价法是指通过对某类系统进行长期研究后建立的，以系统中各类危险有害因素或影响条件为主要变量的数学模型或方法。该方法通常先按一定的原则给予各种危险有害因素或影响条件适当的指数，然后通过计算得到子系统或系统的指数，再根据计算得到的总指数来确定其安全程度。半定量评价法大都建立在实际经验的基础上，合理判断，根据最后的分值与严重度的乘积进行判定，其可操作性强，还能依据结果或分值有一个明确的级别。

（三）定量评价法

定量评价法通常以系统发生事故的概率和事故后果为基础计算出风险再以风险的大小来衡量系统风险程度，其中，事故的概率和后果根据实际情况分为若干个指标参数。比如作业条件危险性评价法（LEC 法），即考虑了暴露率、发生的可能性及后果严重度。定量评价方法结果是以大数据统计经科学计算得到的，能够准确地描述系统危险性大小，是一种理想的风险评价方法。但由于生产现场实际情况复杂，许多事故致因因素作用也较复杂，碍于当前科技发展水平，要想彻底弄清楚所有指标参数尚存在一定困难，故其应用也受到一些限制。

实际上，对一个系统进行风险评价的过程中，需要根据系统的特点及复杂性合理选择风险评价方法。在大多数评价中，往往需要定性、半定量、定量多种方法的配合使用。一般首先采用定性评价法，然后依次选用半定量和定量评价法。

二、风险分类与分级

（一）风险分类

风险分为设备风险，作业过程风险，职业健康风险，生态环境风险，火灾、交通及其他风险等 5 类。

（二）风险分级

为便于区分风险的不同类型和轻重，也为方便日常生产中现场采取不同手段和有重点地进行管控，需将风险进行不同程度的分级。对排查出的风险点，按照国家有关标准、根据其生产工艺、作业活动等情况对风险点进行定性、定量评价。将风险等级分为重大风险、较大风险、一般风险和低风险四个等级（也可将生产安全风险等级分为重大风险、较大风险、中等风险、较小风险、轻微风险 5 个等级）。风险分级见表 6–4。

表 6－4　　　　风　险　分　级

风险等级	色标
重大风险	红色
较大风险	橙色
一般风险	黄色
低风险	蓝色

（1）风险点有下列情形之一的，应当确定为重大风险（红色）。

1）发生过死亡、重伤、重大财产损失事故，或者 3 次以上轻伤、一般财产损失事故，且发生事故的条件依然存在的。

2）涉及重大危险源的。

3）具有中毒、爆炸、火灾等危险因素的场所，且同一作业时间作业人员在 10 人以上的。

4）经评价确定的其他重大风险。

5）风险评价定为Ⅰ级、Ⅱ级风险的危险源。

（2）风险点有下列情形之一的，应当确定为较大风险（橙色）。

1）发生过 1 次以上、不足 3 次的轻伤、一般财产损失事故，且发生事故的条件依然存在的。

2）具有中毒、爆炸、火灾等危险因素的场所，且同一作业时间作业人员在 3 人以上、不足 10 人的。

3）经评价确定的其他较大风险。

（3）风险点发生安健环事故事件的可能性与严重性较低，不构成重大风险和较大风险的，应当确定为一般风险或者低风险（黄色、蓝色）。

风险评价和分级程序如图 6－9 所示。

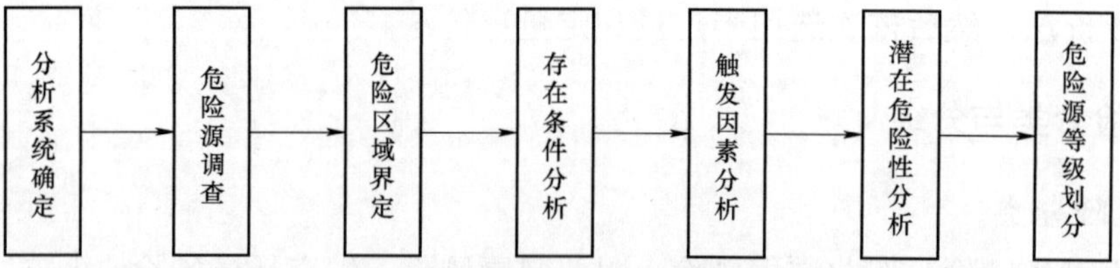

图 6－9　风险评价和分级程序

第八节　风险分级管控原则及效果评价

一、风险分级管控

风险分级管控是指按照风险不同级别、所需管控资源、管控能力、管控措施复杂及难易程度等因素而确定不同管控层级的风险管控方式。应当根据危险源辨识、风险评价和风险等级划分结果，对风险进行分级管控。

（一）风险分级管控方法

（1）编制风险分级管控清单。

（2）明确管控重点、管控机构、管控责任人员和技术改造、管理、培训教育、安全防护和应急处置等管控措施。

（3）每季度至少检查一次风险管控措施和管控方案的落实情况。

（二）风险分级管控原则

低安全风险由班组（值）管控，一般生产安全风险由部门管控，一般以上生产安全风险由公司管控，上级重点监督检查所属单位较大及以上生产安全风险控制措施落实情况。

科学有效的风险分级管控需要遵循以下原则。

（1）要针对风险制定风险分级管控职责。风险分级管控责任划分如图 6－10 所示。

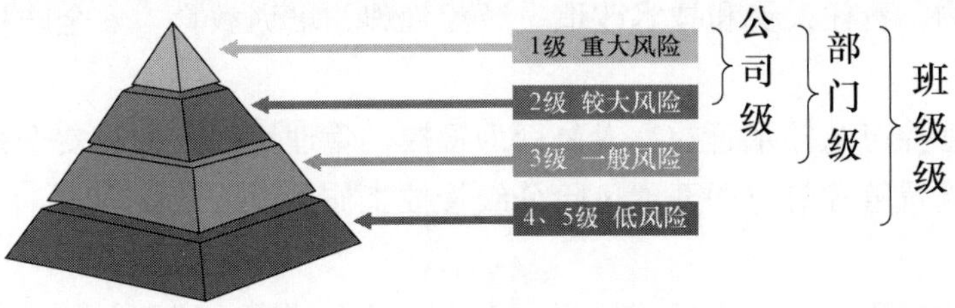

图 6－10　风险分级管控责任划分

1）低风险。低风险包括 4 级风险和 5 级风险。4 级风险员工应引起注意，班组（值）负责控制管理，可根据是否在生产场所或实际需要来确定是否制定控制措施及保存记录。5 级风险部门应引起关注并负责控制管理，所属班组（值）具体落实，不需要另外的控制措施，需要监视来确保控制措施得以维持现状，保留记录。

2）一般风险。一般风险包括 3 级风险。对于该级别的风险，公司、部门应引起关注并负责控制管理，所属部门具体落实。应制定管理制度、规定，进行控制，努力降低风险，应仔细测定并限定预防成本，在规定期限内实施降低风险措施。在严重伤害后果相关的场合，必须进一步进行评价，确定伤害的可能性和是否需要改进的控制措施。

3）较大风险。较大风险包括 2 级风险。必须制定措施进行控制管理。对于该级别及以上的风险，公司应重点控制管理，由安全主管部门和各职能部门根据职责分工具体落实。当风险涉及正在进行中的工作时，应采取应急措施，并根据需求为降低风险制定目标、指标、管理方案或配给资源、限期治理，直至风险降低后才能开始工作。

4）重大风险。重大风险包括 1 级风险。极其危险，必须立即整改，不能继续作业。对于该级别风险，只有当风险已降低时，才能开始或继续工作。如果无限的资源投入也不能降低风险，就必须禁止工作，立即采取隐患治理措施。

（2）要根据风险的特征及评价的后果选择适合的风险管控策略。风险越大，管控级别越高。上级负责管控的风险，下级必须负责管控，并逐级落实具体措施，应优先选择消除风险的措施。

（3）控制风险的措施应在实施前予以评审，评审应针对以下内容。

1）计划的控制措施是否使风险降低到可允许水平。

2）是否产生新的危险源。

3）是否已选定了投资效果最佳的解决方案。

4）受影响的人员如何评价预防措施的必要性和可行性。

5）计划的控制措施是否会被应用于实际工作中。

（4）要落实好风险管控措施。专业管理部门重点针对管辖专业范围内的较大及以上生产安全风险，通过现场检查、资料审查等形式监督控制措施是否落实到位。安健环管理部门重点针对重大生产安全风险，通过现场检查、资料审查等形式监督控制措施是否落实到位。

（三）基本管控措施

基本管控措施就是根据风险评价和风险因素辨识结果，编制风险分级管控清单，列明管控重点、管控机构、责任人员和技术改造、经营管理、培训教育、安全防护和应急处置等管控措施。

风险的基本管控可从技术管控、人员行为管控、管理管控、人员安全素质管控、现场工作中管控及设备装置管控等方面开展风险分级管控工作。

1. 技术管控

采用技术措施对固有危险源进行控制，主要技术有消除、控制、防护、隔离、监控、保留和转移等。

2. 人员行为管控

控制人为失误，减少人的不正确行为对危险源的触发作用。人为失误的主要表现形式有操作失误、指挥错误、不正确的判断或缺乏判断、粗心大意、厌烦、懒散、疲劳、紧张、疾病或生理缺陷、错误使用防护用品和防护装置等。人行为的控制首先是加强教育培训，做到人的安全化；其次，应做到操作安全化。

3. 管理管控

可采取以下管理措施，对危险源实行控制。

（1）建立健全危险源管理的规章制度。

（2）明确责任，定期检查。

（3）加强危险源的日常管理。

（4）抓好信息反馈，及时整改隐患。

（5）抓好危险源控制管理的基础建设工作。

（6）抓好危险源控制管理的考核评价和奖惩。

（7）管理方面实行分级控制，也就是厂、部门、班组（值）控制。

（8）开展反违章活动，并加强现场安全监督的力度。

（9）控制危险点要做到“五不”，即不搞形式、不应付、不照抄、不空洞、不片面。

（10）运用安全性评价管理方法，实施危险点预控。开展安全性评价工作，摸清安全底数，找出存在于设备、环境、管理、人员之中潜在的危险因素，达到危险点预控的目的。

4. 人员安全素质管控

开展多种形式安全教育，班前（开工前）进行安全忠告，找出安全意识薄弱点，开展工作危险预想，分析造成事故的危险因素，以此警醒作业人员的安全意识。加强作业人员的劳保安全防护措施。加强规程制度、措施约束，规范人的行为。

5. 现场工作中管控

现场工作中管控是控制危险点的主要环节。包括安全忠告、事故预想、风险提示、安全技术交底及推广标准化作业。

6. 设备装置管控

（1）彻底根除。

（2）隔离。

（3）采取安全技术措施。

（四）较大风险管控措施

对较大风险的管控，除基本管控措施外，还应当采取下列措施：

（1）制定专项管控方案。

（2）严格限制人员进入并实行登记管理。

（3）由所属企业区域负责人负责管控。

（4）定期进行检查、排查。

（五）重大风险的管控措施

对重大风险的管控，应建立三级管控制度，明确重大风险的管控负责人、技术负责人和操作负责人。对重大风险的管控，除基本管控措施外，还应当采取下列措施。

（1）制定专项管控方案。

（2）实时进行监控或者实行24h值班制度。

（3）禁止无关人员进入并严格限制作业人员数量。

（4）由所属企业主要负责人负责管控，明确风险管控负责人、技术负责人和操作负责人。

（5）定期进行巡查、排查。

（6）进行拆除或制定措施，降低风险等级。

（六）危险作业及发包作业风险管控

在进行危险作业前，必须对风险因素进行辨识，并落实风险管控措施。未进行风险因素辨识并落实风险管控措施的，不得作业。进行项目、场所发包或者出租场地、设施设备的，应当与承包、承租单位签订安全生产管理协议，明确双方安全生产风险管控责任，或者在承包合同、租赁合同中约定各自的安全生产风险管控职责。在同一作业区域内存在两个以上生产经营单位同时进行生产经营活动，可能危及生产安全的，应当签订安全生产管理协议，明确各自的安全生产风险管控责任和管控措施。

（七）风险分级管控数据库

企业应当利用信息化技术对风险管控工作进行动态监控，并建立健全风险管控数据库。风险管控数据库包括任务清单、作业活动风险清单、风险分级管控清单、巡查检查记录等内容。

二、风险分级管控效果评价

在危险源辨识、风险评价和分级、风险分级管控的基础上，要定期对风险管控执行的效果进行检查和评价，并不断调整风险管控计划，持续改进。效果评价的目的是通过总结风险管控的经验教训，力求探索管控风险发生的规律，以完善风险管控工作的科学性。评价的基本标准是效果，主要看是否以最小的成本取得最大的安全保证。

对于风险管控措施，应当每年至少开展 1 次风险管控评审，确保管控措施持续有效。生产经营单位主要负责人应当每季度至少组织检查 1 次风险管控措施和管控方案的落实情况。有下列情形之一的，应当及时开展风险管控评审：

（1）发生安健环事故事件的。

（2）安全生产标准和条件发生重大变化的。

（3）生产经营单位组织机构发生重大调整的。

（4）生产工艺、材料、技术、设施设备等发生改变的。

生产经营单位应当将较大以上风险点名称、所在位置、可能导致事故类型、风险等级、管控措施及管控机构和责任人员等内容予以公示。风险分级管控程序如图 6－11 所示。

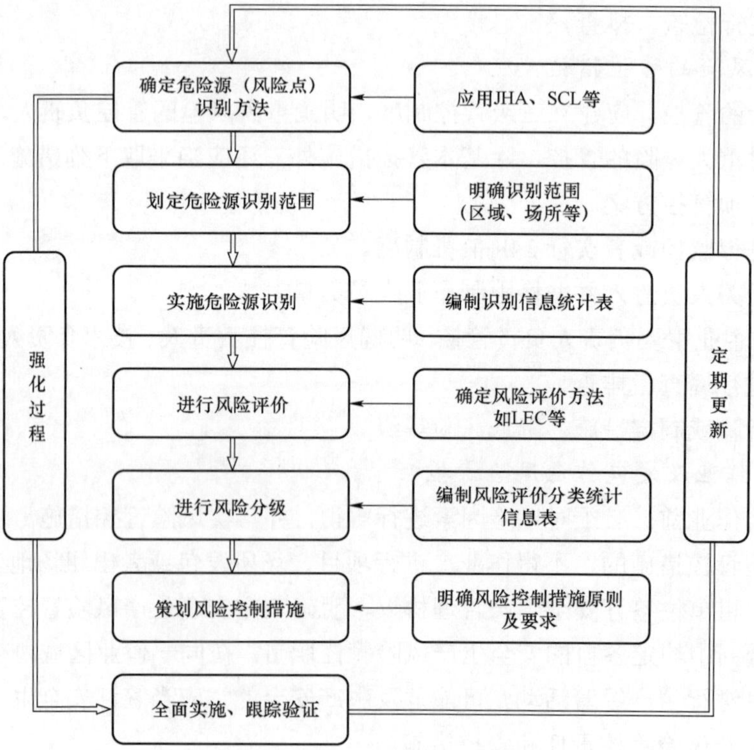

图 6－11　风险分级管控程序

第九节　隐患排查治理

一、隐患排查的方式

根据国家有关规定和季节性特点，隐患排查采取定期排查、专项排查、重点排查等方式进行。

（一）定期排查

根据垃圾发电生产特点、生产作业范围和本单位的实际情况采取春季、夏季、秋季、冬季安全检查的方式和年度、季度、月度、每日、每班排查的方式进行。隐患排查的组织、内容和频次由本单位自行确定，并在有关隐患排查治理和安全检查的制度中明确。

（二）专项排查

根据国家、地方政府和企业以及上级要求，针对本单位特点和重点环节组织进行。隐患排查的组织、内容和频次由各单位根据实际情况确定。

（三）重点排查

根据国家、地方政府和企业以及上级要求，针对重点时段、重点环节、重点区域进行排查。隐患排查的组织、内容和频次由各单位根据实际情况确定。

其他方式的隐患排查由各单位根据实际情况组织进行。

二、隐患排查的内容

隐患排查包括两部分内容，即通用排查和专业排查。企业应当按照国家关于建立隐患排查治理体系的要求，结合具体情况，编制隐患排查治理标准。

（一）通用排查重点内容

1. 安健环体制机制建设情况

（1）安健环生产责任制建立和落实情况、“党政同责、一岗双责、齐抓共管、失职追责”责任体系建设情况、安全生产第一责任人责任落实情况、各级安全控制指标的落实及业绩考核情况。

（2）安健环规章制度制定和实施情况。

（3）安健环管理监察部门的建立和人员配备情况。

2. 隐患排查治理和重大危险源普查监控情况

（1）隐患排查治理制度的制定和实施情况，生产作业过程中的重点环节、部位、设施、设备、装置的检查、排查情况。

（2）重大危险源的普查建档、申报登记、辨识分级、检测评价、监控情况和防范应急措施的制定与落实情况。

3. 安全技术培训情况

（1）主要负责人和安健环管理监察人员的培训考核情况，特种作业人员的培训考核和持证上岗情况。

（2）安全教育与培训制度的制定实施和安全教育培训经费的投入情况。

（3）对新员工（包括新工人、合同工、临时工、外包工、实习生等）的岗前培训和公司、部门、班组（值）三级安全教育培训情况。

4. 安全投入和安全“三同时”执行情况

（1）在企业成本中专项列支安全费用情况。

（2）依法参加工伤保险和社会保险的情况。

（3）新建、改建、扩建项目的安全“三同时”情况，对兼并、收购、改制企业加强安全管理和安全整治的情况。

5. 工程项目安全管理和对承包队伍安全监督管理情况

（1）建立招投标制、项目法人责任制、工程监理制，明确建设方、承包方和监理方安全职责的情况。

（2）建立严格的现场组织管理、作业管理和相关安全工作规程的情况。

（3）建立工程项目安全检查制度及执行的情况。

（4）承包方、监理方安全目标责任书签订情况。

6. 应急管理情况

（1）建立健全应急救援预案体系，结合实际开展应急培训和应急演练情况。

（2）建立专、兼职救援队伍或与相关应急救援队伍签订救援协议情况。

（3）应急救援物资、设备的配备和维护保养情况。

（4）发生事故时或者紧急情况下应急救援的实施情况。

7. 事故事件管理情况

（1）事故报告制度的建立和执行情况，有无迟报、漏报和谎报、瞒报行为及其查处情况。

（2）按照“四不放过”原则对调查权限范围内的事故开展调查处理，对有关责任人进行责任追究的情况。

（3）落实有关部门做出的责任追究决定或建议的情况。

（4）吸取教训、举一反三、认真整改的情况。

（二）专业排查重点内容

应根据国家和地方以及上级单位对产业安全的法律、法规、规章、标准和规定，由各专业管理部门制定。

三、如何进行隐患管理

（一）企业负责对隐患进行整改和管控

（1）事故隐患一经发现，应对隐患进行风险评价，明确一般事故隐患和重大事故隐患，原则上必须及时整改，确实不能及时整改的，应制定隐患整改方案，隐患未完成整改前，制定有效的风险消减措施，并严格落实。

（2）所属企业无力整改的隐患，应及时向上级进行书面报告，申请支持协助解决隐患。因隐患未及时整改而造成事故的，将追究隐患整改责任人的责任。

（3）隐患要实行动态闭环管理，进行登记建档，执行销项清零机制。上级安健环管理监察部门将对重大事故隐患进行登记、建档、跟踪整改，对未按期整改的重大隐患将进行考核、通报。

（二）上级单位负责对隐患整改进行督办

（1）上级安健环管理监察部门对重大隐患和可能对生产经营、建设和社会造成较大影响的隐患的整改实施督办。

（2）在隐患排查中发现的重大隐患和可能对生产经营、建设和社会造成较大影响的隐患，相关单位应立即上报上级安健环管理监察部门。

（3）对重大隐患和可能对生产经营、建设和社会造成较大影响的隐患，由上级安健环管理监察部门向相关所属企业发出督办单，对整改工作进行督办。

四、督办工作的主要内容

（1）隐患监控措施的制定与落实情况。

（2）隐患整改方案的落实情况。

（3）隐患整改项目的进度。

（4）专项应急救援预案制定、培训和演练情况。

（5）督办期间，相关所属企业应按照督办要求，及时向上级安健环管理监察部门反馈整改情况。整改完毕，应向上级安健环管理监察部门提交书面报告申请督办事项关闭。按照上级管理要求，由上级督办的隐患，必须经上级安健环管理监察部门审核，方可对督办事项进行关闭。隐患排查治理程序如图6-12所示。

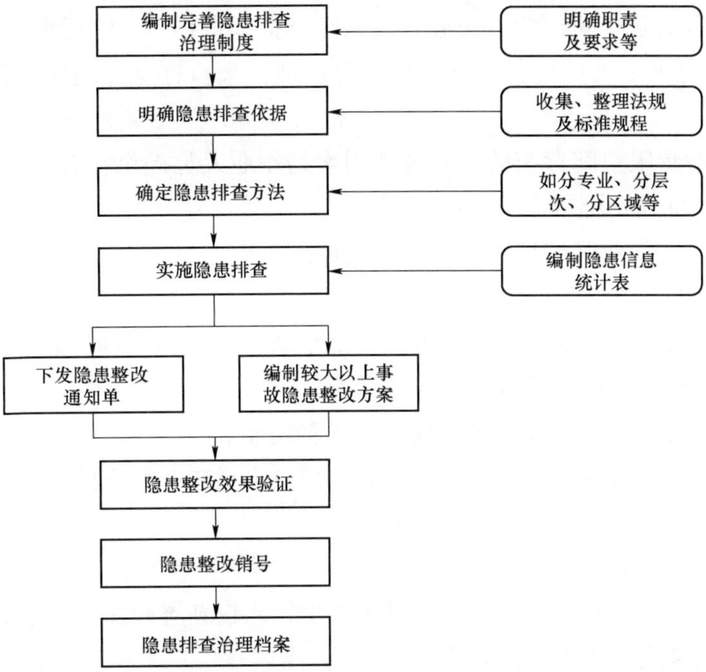

图6-12　隐患排查治理程序

隐患分级排查流程如图 6－13 所示。

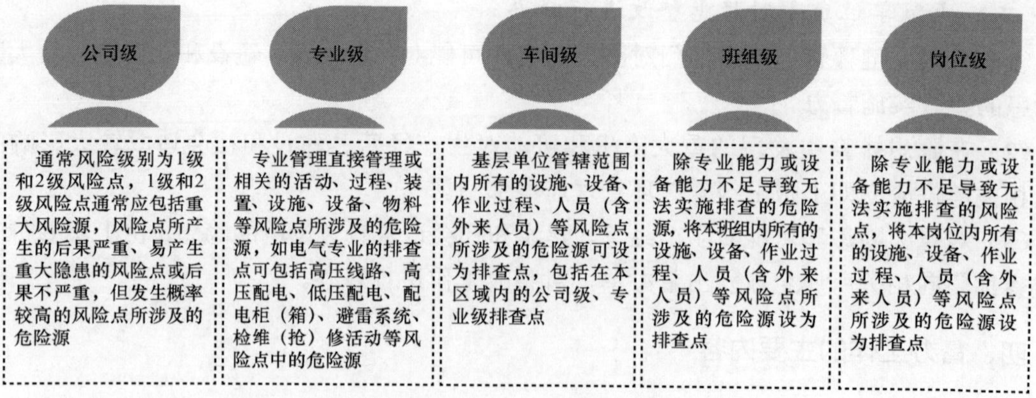

图 6－13　隐患分级排查流程

五、重大隐患认定

隐患分为重大隐患和一般隐患，重大隐患认定标准可以参照《重大事故隐患判定标准》（安监总管三〔2017〕121 号）执行。重大隐患现象举例如下：

（一）有/受限空间作业

（1）未对有/受限空间作业进行辨识、提出防范措施，并建立有/受限空间管理台账。

（2）未在有/受限空间作业场所设置明显的安全警示标志。

（3）未制定有/受限空间作业方案或方案未经审批擅自作业。有/受限空间作业未履行“作业审批制度”，未对施工人员进行专项安全教育培训，未执行“先通风、再检测、后作业”原则。

（4）未根据有/受限空间存在的危险有害因素为作业人员提供符合要求的检测报警仪器、呼吸防护用品、全身式安全带等劳动防护用品。

（5）有/受限空间作业时现场未有专人负责监护工作。

（二）高处作业

（1）钢结构、网架安装用支撑结构地基基础承载力和变形不满足设计要求，钢结构、网架安装用支撑结构未按设计要求设置防倾覆装置。

（2）单榀钢桁架（屋架）安装时未采取防失稳措施。

（3）悬挑式操作平台的搁置点、拉结点、支撑点未设置在稳定的主体结构上，且未做可靠连接。

（三）施工临时用电

特殊作业环境（有限空间、高温、有导电灰尘、比较潮湿等作业环境）照明未按规定使用安全电压的，应判定为重大事故隐患。

第十节　双重预防机制建设成果示例

一、双重预防机制建设成果

通过双重预防机制建设，要至少形成以下建设成果，见表 6-5。

表 6-5　双重预防机制建设成果

序号	成果目标
1	健全安全风险分级管控制度
2	健全隐患排查治理制度
3	建立安全风险管控清单和数据库
4	制定重大风险管控措施
5	设置重大安全风险公告栏
6	制作岗位、区域、设备、随身风险告知卡
7	制作企业安全风险四色分布图
8	建立隐患排查治理台账
9	制定重大隐患治理实施方案
10	修订相关管理制度、管理程序、作业标准

某垃圾发电厂开展双重预防机制建设，形成辨识风险管控对象 752 个，其中风险级别为红色的风险管控对象 7 个，橙色的风险管控对象 36 个，黄色的风险管控对象 227 个，蓝色的风险管控对象 482 个。根据危险源辨识与风险评价的结果，制作了风险地图 3 张、安全明白卡 17 张、岗位风险告知卡 65 张、设备风险告知卡 79 张、随身卡 63 张，建立安全交底记录 33 个，制作教育培训课件 17 个，编写修订管理文件 43 份，制作隐患排查清单 17 套。

二、双重预防机制建设成果示例

某垃圾发电厂风险辨识和管控按照锅炉、汽轮机、电气、化水、垃圾仓、热控、综合、污水和其他九个专业开展，由于篇幅较大故不能全部展示，下面摘录垃圾发电锅炉专业设备设施清单、垃圾发电锅炉运行作业活动清单、垃圾发电锅炉运行作业风险评估、垃圾发电锅炉检修作业任务清单、垃圾发电锅炉检修作业风险评估、垃圾发电锅炉专业设备故障风险评估、垃圾发电厂区风险管控清单、垃圾发电锅炉专业风险数据库清单等供参考。

垃圾发电锅炉专业设备设施清单见表 6-6。

表 6－6　　垃圾发电锅炉专业设备设施清单

序号	名称	类别	所在部位	是否为特种设备	所属专业
1	往复式机械炉排炉，余热锅炉	炉类	锅炉间	是	锅炉专业
2	垃圾料斗	通用机械类		否	
3	除渣机	通用机械类		否	
4	漏渣刮板机	通用机械类		否	
5	液压油泵	动力类		否	
6	一次、二次风机	通用机械类		否	
7	空气预热器	通用机械类		否	
8	再循环风机	通用机械类		否	
9	密封风机	通用机械类		否	
10	引风机	通用机械类		否	
11	炉墙冷却风机	通用机械类		否	
12	烟气净化塔	塔类	尾气处理间	否	
13	雾化器	通用机械类		否	
14	布袋除尘器	通用机械类		否	
15	卸灰阀	通用机械类		否	
16	输灰刮板机	通用机械类		否	
17	斗提机	通用机械类		否	
18	螺旋输送机	通用机械类		否	
19	SNCR（非选择性催化还原）尿素制备斗提机	通用机械类		否	
20	尿素制备罐	储罐及容器类		否	
21	SNCR 尿素输送泵	动力类		否	
22	尿素制备储存罐	储罐及容器类		否	
23	尿素喷枪	其他设备		否	
24	SCR（选择性催化还原）尿素热解	通用机械类		否	
25	SCR 喷枪	通用机械类		否	
26	灰仓	塔类		否	
27	飞灰混炼机	通用机械类		否	
28	飞灰固化打包机	通用机械类		否	
29	活性炭储存罐	储罐及容器类		否	
30	活性炭输送设备	通用机械类		否	
31	消石灰储存罐	储罐及容器类		否	
32	消石灰干粉输送设备	通用机械类		否	
33	消石灰制浆	通用机械类		否	
34	消石灰制备储存罐	储罐及容器类		否	

续表

序号	名称	类别	所在部位	是否为特种设备	所属专业
35	埋地油罐	储罐及容器类	油库房	否	锅炉专业
36	三螺杆供油泵	动力类		否	
37	油输送管道	储罐及容器类		否	
38	点火器	通用机械类	锅炉间	否	
39	空气压缩机	通用机械类	空压机房	否	
40	冷冻式干燥机	通用机械类		否	
41	微热吸附干燥机	通用机械类		否	
42	储气罐	储罐及容器类		是	
43	蒸汽吹灰器	储罐及容器类	锅炉间	否	
44	电动葫芦	起重运输类		否	
45	渣吊	起重运输类		是	
46	疏水扩容器	储罐及容器类		是	
47	消防栓	其他设备		否	
48	灭火器	其他设备		否	

垃圾发电锅炉运行作业活动清单见表6-7。

表6-7　　垃圾发电锅炉运行作业活动清单

序号	作业活动名称	作业活动内容	岗位/地点	实施单位	活动频率
1	锅炉启动	启动引风机、一次风机、二次风机、炉墙冷却风机	锅炉间	锅炉专业	定期进行
		开料斗挡板投料			
		启动液压油系统运行			
		启动点火油泵			
		锅炉点火			
		锅炉升温			
		启动炉排			
		锅炉并汽			
2	锅炉运行	DCS（分散控制系统）操作	集控室		频繁进行
		启动液压油系统运行	锅炉间		
		启动炉排运行			
		锅炉排渣			
		烟气处理运行	尾气处理间		
		锅炉排污	锅炉间		定期进行
		燃油罐区及锅炉油系统着火应急处置	油库		特定时间进行
		脱硫系统着火应急处置	尾气处理间		
		脱硝系统着火应急处置			

续表

序号	作业活动名称	作业活动内容	岗位/地点	实施单位	活动频率
2	锅炉运行	燃料尾部烟道二次燃烧应急处置	锅炉间	锅炉专业	特定时间进行
		炉膛爆炸事故应急处置			
		锅炉灭火处理			
		锅炉结焦处理			
		锅炉满水处理			
		锅炉缺水处理			
		锅炉承压部件爆漏处理			
		锅炉压力容器爆破处理			
		设备巡检			频繁进行
3	锅炉停炉	停止垃圾供应	锅炉间		定期进行
		停止风机			
		停止液压油系统			
		切断给水、蒸汽系统			
		疏水、泄压			
4	飞灰、渣收集	启动除渣机	锅炉间		频繁进行
		锅炉排渣			
		炉渣转运			
		投用除尘器			
		启动刮板机及斗提机			
		启动螺旋输送机			
5	飞灰稳定化处理作业	启动飞灰混炼机	灰库		频繁进行
		飞灰螯合			
		飞灰打包			
		飞灰转运			
6	脱硫、脱硝作业	消石灰卸车	尾气处理间		频繁进行
		储存			
		石灰浆制备及投用			
		投入干粉			
		巡检			
		DCS 操作			
		尿素卸车			
		储存			
		制备			
7	烟气去除二噁英及重金属作业	活性炭卸车	尾气处理间		频繁进行
		储存			
		添加			
		DCS 操作			

续表

序号	作业活动名称	作业活动内容	岗位/地点	实施单位	活动频率
8	有/受限空间作业	炉膛清理	锅炉间		定期进行
9		汽包内检查			
10		烟道内承压部件检修			
11		烟道内积灰清理			
12		更换布袋及提升阀检修	尾气处理间		
13		SCR 更换催化剂			

垃圾发电锅炉运行作业风险评估（以炉排液压站投运为示例）见表 6-8。

表 6-8　　垃圾发电锅炉运行作业风险评估（以炉排液压站投运为示例）

序号	运行作业程序	危险、有害及生态环境因素	风险分析与评价					主要控制措施
			L	E	C	D	风险等级	
1	作业组织管理风险评估	炉排液压站系统异动调整完成后，未及时修改锅炉运行规程、系统图	3	1	7	21	Ⅳ级	（1）异动调整完成后，及时修改锅炉运行规程、系统图内相关内容。 （2）通过各种途径对相关人员进行培训
		日常培训制度不完善或落实不到位，未对炉排液压站改造后的新设备、新系统开展培训	3	1	7	21	Ⅳ级	（1）定期开展日常炉排液压站投运培训与学习。 （2）每年至少开展一次在岗考试。 （3）炉排液压站及其相关系统技术改造后，及时就改造后的新设备、新系统开展培训
		炉排液压站启动相关反事故措施未落实	3	3	7	63	Ⅳ级	（1）组织学习炉排液压站启动等相关事故案例。 （2）颁布针对性反事故措施。 （3）建立反事故措施闭环管理机制。 （4）定期对反事故措施落实情况进行检查监督。 （5）准备好必要的应急物资
2	作业区域环境风险评估	附近存在高温高压管道及介质	6	10	15	900	Ⅱ级	（1）在高温高压管道及介质区域做好风险提示。 （2）做好高温高压管道、阀门定期检查工作。 （3）快速通过高温高压管阀区域，减少逗留。 （4）按规定配置个人防护用品，防止高温灼伤
		液压油管道突然破裂	6	10	7	420	Ⅰ级	（1）做好液压油管道定期检查工作。 （2）及时采取措施隔离泄漏点。 （3）根据实际情况启动跑油、火灾应急预案
		电动炉排液压站本体噪声	1	6	3	18	Ⅴ级	（1）佩戴防噪声耳机、耳塞。 （2）避免长时间在高噪声区域逗留。 （3）完善液压站的降噪措施
		照明不足	1	3	1	3	Ⅴ级	（1）发现照明不足应查明原因，及时通知检修处理，并恢复。 （2）做好年度照明定期检查，不合格的及时列入整改计划。 （3）巡检等就地检查、操作，携带手电筒等临时照明设备

续表

序号	运行作业程序	危险、有害及生态环境因素	风险分析与评价					主要控制措施
			L	E	C	D	风险等级	
2	作业区域环境风险评估	转动部件	3	6	15	270	Ⅱ级	（1）设备的转动部分（包括轴端）必须装设防护罩，并标明旋转方向。 （2）对缺损或变形等的防护罩应及时填写缺陷处理单，修复前设置“禁止靠近”安全警示标识。 （3）检查时，注意站在侧向安全位置或保持安全距离
3	作业准备	从事禁忌作业	3	1	3	9	Ⅴ级	（1）上岗前进行相关职业禁忌体检。 （2）出现禁忌作业状况，按规定禁止作业
		人员健康状况异常	3	1	3	9	Ⅴ级	（1）作业前确认作业人员健康状况适宜工作。 （2）发现异常，按规定禁止作业
		人员情绪异常	3	1	3	9	Ⅴ级	（1）作业前确认作业人员情绪稳定。 （2）发现情绪异常，按规定禁止作业
		未选用对应的操作票	3	6	7	126	Ⅲ级	（1）选用操作票时认真核对系统设备、操作内容。 （2）按规定要求履行审批、把关手续
		炉排液压站启动前安全技术交底未开展、交底不明确	3	6	7	126	Ⅲ级	（1）作业前交底人按规定要求对相关炉排液压站投运作业风险进行详细评估、梳理。 （2）交底后，交底人向被交底人进行再次确认。 （3）明确指挥权限及任务分工，严禁违章指挥、擅自操作。 （4）对被操作设备的名称进行重复确认，防止跑错间隔或误点、误操作。 （5）必须按要求对设备状态进行核实确认。 （6）加强就地与集控室之间的联系
		操作预想未开展或者不充分	3	6	7	126	Ⅲ级	操作前，按规定开展操作和事故预想
		设备投运前未办理工作票终结（或未办理押回）手续	3	6	7	126	Ⅲ级	（1）发令人应确认工作票终结（或已办理押回手续）。 （2）操作人、监护人发现问题应及时向发令人汇报
		工器具、个人防护用品缺陷	3	1	3	9	Ⅴ级	操作人和监护人共同检查，确保工器具、个人防护用品合格
4	炉排液压站启动前液压站附属设备及管道检查	液压站油箱检查孔状态	3	1	3	9	Ⅴ级	加强检查，确认孔门均处于关闭状态，密封良好，无渗漏
		未确认炉排液压站阀门状态	3	1	7	21	Ⅳ级	通过现场和DCS比对确认设备阀门状态正确
		高处设备无操作平台	3	1	7	21	Ⅳ级	（1）发现类似缺陷按规定警示、填报、处理。 （2）作业前进行风险辨识，禁止进入危险区域
		阀门、调节机构状态显示不准确	3	6	15	270	Ⅱ级	（1）加强各阀门、调节机构就地和远方信号比对。 （2）如状态显示不一致应及时联系消缺
		未检查调节机构正常	3	6	15	270	Ⅱ级	（1）油泵启动前应进行阀门全行程活动性试验。 （2）就地与DCS开度应进行比对，确认调节机构指示准确
		未按规定在第一台液压油泵启动前，投运冷却水泵	3	6	15	270	Ⅱ级	第一台液压油泵启动前，应提前投运冷却水系统

续表

序号	运行作业程序	危险、有害及生态环境因素	风险分析与评价					主要控制措施
			L	E	C	D	风险等级	
5	炉排液压站冷却水系统投运	设备检查不到位，未确认阀门状态	3	6	7	126	Ⅲ级	（1）仔细检查，确认冷却水系统阀门状态正确。 （2）确认液压油投运后，设备运行状况正常，各运行参数均在设计范围内
		液压油投运后管道或轴承漏油	3	6	7	126	Ⅲ级	（1）做好液压油管道定检。 （2）液压油启动后，运行人员加强对轴承、法兰、接头进行检查。 （3）发现泄漏及时隔离泄漏点，并通知消缺
		液压油泵启动后未将备用油泵投入联锁	3	6	7	126	Ⅲ级	（1）操作票中应明确增加备用油泵投联锁条目。 （2）操作人、监护人共同确认备用油泵投入自启动联锁
		油箱液位等信号显示不准确	3	1	7	21	Ⅳ级	（1）加强就地油位计和远方油位信号比对，偏差大及时联系消缺。 （2）油位低及时加油
		滤网切换三通阀未到位，导致液压油压力低	3	6	7	126	Ⅲ级	（1）加强三通阀定检，确认限位准确。 （2）加强对三通阀切换操作及原理技能培训，提高实操能力，确保阀门操作到位。 （3）操作切换时，发现位置指示不清应暂时停止操作，待相关技术人员确认后，方可继续操作。 （4）滤网切换后确认液压油压力正常
		未能正确判断油箱油位计中的油位信号	3	6	7	126	Ⅲ级	（1）液压油泵投运前确认液压油箱油位应在2/3左右高度。 （2）液压油投运后，应注意油位计中油位，且有波动现象。 （3）如因油位计脏污等原因，导致真实油位无法判别时，应联系检修进行共同确认，并填写缺陷
6	炉排液压站投运及调整	炉排液压站启动前，未确认电动机绝缘良好	3	6	7	126	Ⅲ级	（1）加强监护，操作人和监护人共同确认电气设备绝缘合格后才能送电。 （2）对于设备停运时长超过规定测量绝缘期限的电动机，启动前需进行绝缘测试，并在登记本中做好记录。 （3）炉排液压站启动前，操作员应查阅绝缘登记情况，确认绝缘良好
		液压油泵启动前强行解除联锁保护	3	1	7	21	Ⅳ级	（1）加强监护，严禁擅自解除设备联锁保护。 （2）机组大修期间，应严格进行设备联锁试验，确保联锁保护正确、可靠
		液压油泵功率上升后，未至就地检查振动、轴承漏油、电动机地脚螺栓松动等缺陷	3	1	7	21	Ⅳ级	（1）液压油泵功率上升后，运行人员（首次检修后，包括设备技术人员等）应至就地确认。 1）液压油泵振动正常，电动机地脚螺栓牢固、可靠。 2）液压油泵/电动机各轴承无漏油现象，轴承温度正常，油箱油位计指示正确，有油流动现象。 3）注意就地检查炉排液压站无金属摩擦声。 4）就地查听轴承、轴封处的转动声音，检查调节机构调节正常。 （2）运行中，运行人员应持续加强跟踪和各项参数监视

续表

序号	运行作业程序	危险、有害及生态环境因素	风险分析与评价					主要控制措施
			L	E	C	D	风险等级	
6	炉排液压站投运及调整	未确认相邻系统、设备运行是否正常	3	1	7	21	Ⅳ级	（1）加强炉排液压站投运操作技术培训。 （2）投运后，操作人员应及时确认相关系统运行工况。 （3）其他相关人员应配合加强设备监视或及时监护提醒
		炉排液压站启动前，未确认电动机绝缘良好	3	1	7	21	Ⅳ级	（1）加强监护，操作人和监护人共同确认电气设备绝缘合格后才能送电。 （2）对于设备停运时长超过规定测量绝缘期限的电动机，启动前需进行绝缘测试，并在登记本中做好记录。 （3）炉排液压站启动前，操作员应查阅绝缘登记情况，确认绝缘良好
7	检查闭环	未确认工器具全部收回	1	3	1	3	Ⅴ级	操作结束，确认相关工器具全部收回
		未确认设备参数、环保指标正常	3	1	7	21	Ⅳ级	（1）检查确认参数正常。 （2）参数指标异常时及时调整运行工况或启动相关预案
		设备缺陷未及时入缺或联系处理	3	1	7	21	Ⅳ级	发现缺陷应及时入缺或联系处理

垃圾发电锅炉检修作业任务清单见表6-9。

表6-9　　垃圾发电锅炉检修作业任务清单

工作任务	风险等级
引风机检修	一般风险
引风机内部检修	
一次风机检修	
一次风机内部检修	
二次风机检修	
二次风机内部检修	
空气预热器检修	
空气预热器内部检修	
炉墙冷却风机检修	
焚烧炉内部检修	较大风险
焚烧炉炉排检修	
焚烧炉液压系统检修	一般风险
焚烧炉一次风斗检修	较大风险
焚烧炉垃圾料斗检修	一般风险
燃烧器检修	
焚烧炉浇注料检修	

续表

工作任务	风险等级
烟风道检修	一般风险
风道内检修	
烟道内部检修	
锅炉受热面检修	较大风险
省煤器检修	
过热器检修	
受热面防磨防爆检查	
汽包检修	一般风险
定期排污连排疏水扩容器内部检修	
汽水系统阀门检修	
安全阀检修	
吹灰器检修	
除渣机检修	
冷渣器检修	
空气压缩机检修	
炉内脚手架搭设及检修平台组装	较大风险
炉内升降平台搭设、拆除	
锅炉水压试验	一般风险
金属监督检验	
支吊架检修	
烟囱内部检修	较大风险

垃圾发电锅炉检修作业风险评估（以焚烧炉炉膛浇注料检修为示例）见表6－10。

表6–10　垃圾发电锅炉检修作业风险评估（以焚烧炉炉膛浇注料检修为示例）

序号	检修工序	危险源	危害因素	风险分析与评价					作业标准
				L	E	C	D	风险等级	
1	作业环境评估	噪声	未正确佩戴耳塞	3	1	7	21	Ⅳ级	进入噪声区域、使用高噪声工具时正确佩戴合格的耳塞
		飞灰、浇注料粉尘、臭气	未正确佩戴口罩等防护用品	3	6	7	126	Ⅲ级	进入粉尘较大的场所作业，作业人员必须佩戴防尘口罩
		高温环境	气温超过40℃	3	1	7	21	Ⅳ级	（1）保证人员轮换工作。 （2）在高温场所工作时，应为工作人员提供足够的饮用水、清凉饮料及防暑药品。对温度较高的作业场所必须增加通风设备

续表

序号	检修工序	危险源	危害因素	风险分析与评价					作业标准
				L	E	C	D	风险等级	
1	作业环境评估	孔、洞	盖板缺损及平台防护栏杆不完整	3	6	7	126	Ⅲ级	发现盖板缺损及平台防护栏杆不完整时，应采取临时防护措施，设坚固的临时围栏
2	确认安全措施正确执行	燃油泄漏	燃油系统隔离不彻底	3	1	7	21	Ⅳ级	（1）开工前与运行人员共同确认检修的设备已可靠与运行中的系统隔断，检查相关阀门已关闭，电源已断开，挂“禁止操作，有人工作”标示牌。 （2）待管道内介质放尽、压力为零、温度适可后方可开始工作
		垃圾仓臭气、沼气管道沼气	垃圾料斗和沼气管道隔离不彻底	3	6	7	126	Ⅲ级	（1）关闭垃圾料斗挡板并严密关闭。 （2）断开沼气管道软连接。 （3）保持垃圾仓负压
			炉膛通风不彻底	3	6	7	126	Ⅲ级	（1）启动锅炉引风机充分通风。 （2）作业前检测炉膛气体浓度
3	准备工作及现场布置	临时电源、电源线	电源线悬挂高度不够	3	1	7	21	Ⅳ级	临时电源线架设高度炉膛内不低于2.5m
			电源线、插头、插座破损	3	1	7	21	Ⅳ级	（1）检查电源线外绝缘良好，无破损。 （2）检查检验合格证在有效期内。 （3）检查电源插头插座，确保完好。 （4）不准将电源线缠绕在护栏、管道和脚手架上
			未安装漏电保安器	3	1	7	21	Ⅳ级	（1）检查检验合格证在有效期内。 （2）分级配置漏电保安器，工作前试剩余电流动作保护器，确保正确动作
			检修电源箱外壳未接地	3	1	7	21	Ⅳ级	检查电源箱外壳接地良好
		角磨机、切割机	电源线、电源插头破损，防护罩破损、缺失	3	1	7	21	Ⅳ级	（1）检查电源线、电源插头完好，无破损。 （2）检查防护罩完好，无缺失
		电焊机	电焊机电源线、电源插头、电焊钳破损	3	1	7	21	Ⅳ级	（1）检查检验合格证在有效期内。 （2）检查电焊机电源线、电源插头、电焊钳等完好无损，电焊工作所用的导线必须使用绝缘良好的皮线。 （3）电焊机的裸露导电部分和转动部分以及冷却用的风扇，均应装有保护罩
			焊机外壳未接地	3	1	7	21	Ⅳ级	电焊机金属外壳应有明显的可靠接地，且一机一接地
			焊机、焊钳与电缆线连接不牢固	3	1	7	21	Ⅳ级	（1）电焊工作所用的导线，必须使用绝缘良好的皮线。 （2）电焊机、焊钳与电缆线连接牢固，接地端头不外露。 （3）连接到电焊钳上的一端，至少有5m为绝缘软导线

续表

序号	检修工序	危险源	危害因素	风险分析与评价					作业标准
				L	*E*	*C*	*D*	风险等级	
3	准备工作及现场布置	电焊机	一闸接多台电焊机	3	1	7	21	Ⅳ级	电焊机必须装有独立的专用电源开关，其容量应符合要求，焊机超负荷时，应能自动切断电源，禁止多台焊机共用一个电源开关
		氧气、乙炔	氧气表、乙炔表失效	3	1	7	21	Ⅳ级	经过检验合格的氧气表、乙炔表才允许使用
			使用没有防震胶圈和保险帽的气瓶	3	1	7	21	Ⅳ级	不准使用没有防震胶圈和保险帽的气瓶
			氧气瓶、乙炔气瓶放置不正确	3	1	7	21	Ⅳ级	（1）使用中的氧气瓶和乙炔瓶应垂直固定放置。 （2）乙炔气瓶禁止放在高温设备附近，应距离明火 10m 以上，使用中应与氧气瓶保持 5.0m 以上距离
		大锤、手锤	锤头与木柄的连接不牢固、锤头破损、木柄未使用整根硬质木料	3	1	7	21	Ⅳ级	锤头与木柄的连接应用金属楔栓固定，楔子长度不得大于安装孔深的 2/3，锤头完好、无损，木柄使用整根硬质木料
		安全带	安全带缺损	3	1	7	21	Ⅳ级	（1）检查检验合格证应在有效期内，标识（产品标识和定期检验合格标识)应清晰、齐全。 （2）各部件应完整、无缺失、无破损，腰带、胸带、围杆带、围杆绳、安全绳应无灼伤、脆性断裂、断股、霉变。 （3）金属卡环（钩）必须有保险装置，且操作要灵活。钩体和钩舌的咬口必须完整，两者不得偏斜
		锉刀、手锯、螺钉旋具、钢丝钳、三角刮刀	手柄等缺损	3	1	7	21	Ⅳ级	锉刀、手锯、螺钉旋具、钢丝钳、三角刮刀等手柄应安装牢固，没有手柄的不准使用
		行灯	行灯电源线、电源插头破损，手柄破损	3	1	7	21	Ⅳ级	（1）检查行灯电源线、电源插头完好，无破损。 （2）行灯电源线应采用橡胶套软电缆。 （3）行灯的手柄应绝缘良好，且耐热、防潮
			使用行灯电压等级不符	3	1	7	21	Ⅳ级	在周围均是金属导体的场所和容器内工作时，不应超过 24V
			行灯防护罩缺失	3	1	7	21	Ⅳ级	行灯应有保护罩
		手拉葫芦	手拉有裂纹、链轮转动卡涩、吊钩无防脱保险装置	3	1	7	21	Ⅳ级	（1）使用前应作无负荷的起落试验一次，检查其刹车以及传动装置是否良好，然后再进行工作，检查手拉是否有裂纹、链轮转动是否卡涩、吊钩是否无防脱保险装置，以确保完好。 （2）检查检验合格证在有效期内

续表

序号	检修工序	危险源	危害因素	风险分析与评价					作业标准
				L	E	C	D	风险等级	
3	准备工作及现场布置	千斤顶	压力油泄漏	3	1	7	21	Ⅳ级	（1）检查千斤顶检验合格证在有效期内。 （2）工作前试验油压正常，无渗漏
			千斤顶螺纹齿条磨损	3	1	7	21	Ⅳ级	工作前检查千斤顶螺纹齿条是否磨损，以确保设备完好
		孔、洞	盖板打开后未设置临时防护措施	3	1	7	21	Ⅳ级	（1）在检修工作中如需将盖板取下，必须设有牢固的临时围栏，并设有明显的警告标志，夜间还应设红灯示警；不准使用麻绳、尼龙绳等软连接代替防护围栏。 （2）检修期间需拆除防护栏杆时，必须装设牢固的临时遮拦，并设警告标志；在检修结束时应将栏杆立即装回
		粉尘	未采取控制扬尘措施	3	6	7	126	Ⅲ级	（1）拆装、运输材料和废料时应用袋和箱装运。 （2）拆装过程中应采取防止散落、飞扬措施
		脚手架	脚手架未经验收	3	6	7	126	Ⅲ级	（1）搭设结束后，必须履行脚手架验收手续，填写脚手架验收单，并在脚手架验收单上分级签字。 （2）验收合格后应在脚手架上悬挂合格证，方可使用。 （3）工作负责人每天上脚手架前，必须进行脚手架整体检查
		吊具	吊索具损坏或选择不当	3	6	7	126	Ⅲ级	（1）起重工具使用前，必须检查完好、无破损。 （2）所选用的吊索具应与被吊工件的外形特点及具体要求相适应，在不具备使用条件的情况下，决不能使用
4	拆炉膛内浇注料	安全带	安全带未正确悬挂及使用	3	6	7	126	Ⅲ级	使用时安全带的挂钩或绳子应挂在结实、牢固的构件上；安全带要挂在上方，高度不低于腰部（即高挂低用）
		脚手架	擅自改动脚手架的结构	3	1	7	21	Ⅳ级	工作过程中，不准随意改变脚手架的结构，必要时，必须经过搭设脚手架的技术负责人同意，并再次验收合格后方可使用
			随意码放物品或超载	3	1	7	21	Ⅳ级	（1）不准在脚手架和脚手板上聚集人员或放置超过计算荷重的材料。 （2）脚手架上临时放置的零星物件，必须做好防窜、防坠落、防滑措施。 （3）脚手架上的废弃物应及时清理，并用绳子系牢后溜放到地面
		高处的工器具、零部件	工器具未系防坠绳、零部件未固定及上下抛掷	3	1	7	21	Ⅳ级	（1）工器具必须使用防坠绳。 （2）工器具和零部件应用绳拴在牢固的构件上，不准随便乱放。 （3）工器具和零部件不准上下抛掷

续表

序号	检修工序	危险源	危害因素	风险分析与评价					作业标准
				L	*E*	*C*	*D*	风险等级	
4	拆炉膛内浇注料	手锤、钢钎	锤把上有油污	3	1	7	21	Ⅳ级	锤把上不可有油污，周围不得有人，不得单手抡大锤
			不戴手套使用钢钎	3	1	7	21	Ⅳ级	严禁不戴手套使用钢钎
		绊脚物（大块浇注料）	大块浇注料未及时清理	3	1	7	21	Ⅳ级	大块浇注料必须及时清理，避免绊倒摔伤
		重物	超负载荷存放	3	1	7	21	Ⅳ级	（1）不准放置超过载荷的材料、物件。 （2）大型物件的放置地点必须为荷重区域(例如汽轮机转子必须放置在平台下方设有钢梁的位置上)。 （3）严禁将重物放置在孔、洞的盖板或非支撑平面上面
			堆放上重下轻	3	1	7	21	Ⅳ级	解体部件货架上摆放时，大或重的备件摆放在下面，小或轻的备件摆放在上面
			物品混放	3	1	7	21	Ⅳ级	（1）零散物件应放入箱中摆放。 （2）圆形、不规则物件分类摆放，并做好防滚动滑落措施
			超负荷搬运	3	1	7	21	Ⅳ级	（1）肩扛物件重量以不超过本人体重为宜。 （2）手搬物件时应量力而行，不得搬运超过自己能力的物件
		手拉葫芦	滑链	3	1	7	21	Ⅳ级	使用前应作无负荷的起落试验一次，检查其刹车以及传动装置是否良好，然后再进行工作
			手拉葫芦超载荷使用	3	1	7	21	Ⅳ级	使用手拉葫芦时工作载荷不准超过铭牌规定
		孔、洞	未及时封堵	3	1	7	21	Ⅳ级	及时对各孔、洞进行有效封堵，避免人员踩空
5	炉膛内部检查	安全带	安全带未正确悬挂及使用	3	1	7	21	Ⅳ级	使用时安全带的挂钩或绳子应挂在结实牢固的构件上；安全带要挂在上方，高度不低于腰部（即高挂低用）
		行灯	将行灯变压器带入金属容器或管道内	3	1	7	21	Ⅳ级	不准将行灯变压器带入金属容器或管道内
			行灯电源线与其他线路缠绕在一起	3	1	7	21	Ⅳ级	行灯电源线不准与其他线路缠绕在一起

续表

序号	检修工序	危险源	危害因素	风险分析与评价					作业标准
				L	*E*	*C*	*D*	风险等级	
5	炉膛内部检查	手拉葫芦	滑链	3	1	7	21	Ⅳ级	使用前应作无载荷的起落试验一次，检查其刹车以及传动装置是否良好，然后再进行工作
			手拉葫芦超载荷使用	3	1	7	21	Ⅳ级	使用手拉葫芦时工作载荷不准超过铭牌规定
		吊物	吊点不牢固、吊点位置不正确	3	1	7	21	Ⅳ级	（1）在起吊大的或不规则的物品时，应在构件上系以牢固的拉绳，使其不摇摆、不旋转。 （2）选择牢固、可靠，满足载荷的吊点。起重物品必须绑牢，吊钩要挂在物品的重心上，吊钩钢丝绳应保持垂直
			吊索具损坏或选择不当	3	1	7	21	Ⅳ级	（1）作业中应防止损坏吊索具及配件，必要时在棱角处应加护角防护。 （2）吊具及配件不能超过其额定起重量，起重吊索、吊具不得超过其相应吊挂状态下的最大工作载荷
			绑扎不牢固	3	1	7	21	Ⅳ级	（1）起重吊物之前，必须清楚物件的实际重量，不准起吊不明物和埋在地下的物件。当重物无固定死点时，必须按规定选择吊点并捆绑牢固，使重物在吊运过程中保持平衡和吊点不发生移动。工件或吊物起吊时必须捆绑牢靠。 （2）吊拉时两根钢丝绳之间的夹角一般不得大于90°。 （3）使用单吊索起吊重物挂钩时应打“挂钩结”；使用吊环时螺栓必须拧到底；使用卸扣时，吊索与其连接的一个索扣必须扣在销轴上，另一个索扣必须扣在扣顶上，不准两个索扣分别扣在卸扣的扣体两侧上；吊拉捆绑时，重物或设备构件的锐边快口处必须加装衬垫物
			在起吊重物下逗留和行走	3	1	7	21	Ⅳ级	严禁吊物从人的头上越过或停留
6	检修工作结束	孔、洞	盖板、栏杆、脚手架检修结束后未恢复	3	1	7	21	Ⅳ级	施工结束后，必须恢复原状，检查现场安全设施已恢复齐全
		废弃物	废弃物未清理	3	1	7	21	Ⅳ级	收集废弃物，集中进行处理
		废料、火种、易燃物等	施工废料未清理	3	1	7	21	Ⅳ级	废料及时清理，做到工完、料尽、场地清

垃圾发电锅炉专业设备故障风险评估见表 6－11，风险评估采用 LEC 法，由于锅炉专业设备较多，仅以炉排液压系统液压缸为示例。

表 6－11　垃圾发电锅炉专业设备故障风险评估（以炉排液压系统液压缸为示例）

序号	系统	设备	部件	故障辩识		危害分析			风险分析与评价					主要技术标准					主要风险管控措施			风险管控等级
														日常巡查		定期检修						
				故障现象	故障原因	人身	设备	环境	L	E	C	D	风险等级	标准	方式	标准	关键工序	检修方式	技术措施	管理措施	应急措施	
1	机械炉排	液压缸	O 形密封圈	密封面泄漏	密封圈老化，装配工艺不良	液压油泄漏威胁人身安全	液压油泄漏造成设备异常	液压油泄漏造成设备和现场污染	3	1	3	9	Ⅴ级	中分面无泄漏，保持整洁	目视	密封面光滑，无贯穿痕迹，O 形密封圈无断裂、损坏	密封面检查及 O 形密封圈检查	大修项目	（1）运行人员按巡检制度定期进行检查。（2）按技术标准进行维护和检修。（3）检修点检人员按点检标准进行检查。（4）按要求佩戴个人劳动防护用品	（1）制定巡检制度、检修维护技术标准、点检技术标准和应急预案。（2）定期组织生产人员进行技术培训、急救知识培训和应急演练。（3）现场准备好应急物资和器材。（4）制定个人劳动防护用品使用规定	适当紧固密封面螺栓	班组
2			螺栓	螺栓断裂	螺栓力矩或伸长量过大				3	1	3	9	Ⅴ级	螺栓完好，保温、干燥	目视	螺栓硬度合格、无裂纹，丝扣连贯、无断裂损坏，螺栓按要求力矩或伸长量紧固	螺栓紧固检查	大修项目			更换新螺栓	班组
3			螺母	密封面泄漏	螺母丝扣损坏、滑脱				3	1	3	9	Ⅴ级	中分面无泄漏，液压缸缸体整洁	目视	螺母丝扣连贯，无断裂、损坏，螺栓按要求力矩或伸长量紧固	螺栓紧固检查	大修项目			更换新螺母	班组
4			液压油管	液压油管漏油	液压油管损坏		液压油泄漏造成设备障碍，导致炉排停运		1	1	40	40	Ⅳ级	液压油管完好	目视	液压油管无裂纹，外表无损坏	液压油管无损检查	大修项目			立即停止液压油泵运行，按焚烧炉压火程序处理	部门
…																						

垃圾发电厂区风险管控清单见表 6－12。

表 6－12　垃圾发电厂区风险管控清单

区域/作业内容	危险因素	危害后果	危险等级	技术措施	管理措施	应急措施	管控级别
垃圾池	垃圾池有毒有害气体浓度超标、作业人员安全防护不到位，遇明火发生火灾	火灾、爆炸、中毒窒息、起重伤害、高处坠落、淹溺、机械伤害	重大	（1）严格执行有限空间作业审批流程，经各级管理人员验收签字方可作业； （2）垃圾池设置在线气体检测仪，实时检测气体浓度； （3）保持垃圾池良好通风，降低可燃气体浓度； （4）现场动火作业前，检测动火点气体浓度，配置必要的消防器材； （5）定期试验垃圾池消防水炮，确保消防设备良好	（1）制定垃圾池安全管理标准和安全操作规程； （2）严格执行垃圾池动火作业、有限空间管理制度，落实“先通风、再检测、后作业”工作原则，现场设专人监护，执行人员安全防护措施； （3）定期组织安全教育培训，提高员工安全技能	根据事故情况，启动火灾专项应急预案、有限空间专项应急预案	公司
渗滤液收集池	存在有毒有害气体	中毒窒息、火灾、爆炸	重大	（1）严格执行有限空间作业审批流程，经各级管理人员验收签字方可作业； （2）设在线气体检测仪，实时检测有毒有害、易燃易爆气体浓度； （3）保持垃圾池良好通风，降低有毒有害气体浓度	（1）制定渗滤液收集池安全管理标准和安全操作规程； （2）严格执行动火作业、有限空间管理制度，落实“先通风、再检测、后作业”工作原则，现场设专人监护，执行人员安全防护措施； （3）定期组织安全教育培训，提高员工安全技能	根据事故情况启动火灾、爆炸、中毒窒息、有限空间应急预案	公司
焚烧炉内作业	粉尘、有毒有害气体、通风不良、工作场所照明不良、电源线绝缘破损、人员违章作业、未佩戴安全带、搭设脚手架结构不合格、上下交叉作业时上方掉落异物、起吊过程中物料脱落	中毒窒息、触电、高处坠落、坍塌、物体打击、机械伤害、窒息中毒伤害	重大	（1）严格执行有限空间作业审批流程，经各级管理人员验收签字方可作业； （2）沼气管道阀门需关闭并加装盲板，作业前炉内充分通风、降温，方可进入； （3）脚手架由具有专业资质人员搭设，并验收合格后，方可使用； （4）工作前，检查工器具防护设施齐全、完整，禁止使用不合格工器具； （5）工作地点铺设胶皮，防止高处落物； （6）工作人员规范佩戴安全防护用品	（1）制定有限空间安全管控标准，分析作业现场存在的安全风险及预防措施； （2）增加检修期间安全检查频次，发现违章及时制止，对典型性违章进行考核； （3）定期组织安全教育培训，提高员工安全技能	集控室配置急救药箱，意外情况发生时，开展现场急救，必要时启动应急预案响应程序	公司

续表

区域/作业内容	危险因素	危害后果	危险等级	技术措施	管理措施	应急措施	管控级别
乙炔站	气瓶安全附件缺失、气瓶超量存放、气瓶无防倾倒措施、周边可燃物未清理	火灾、爆炸	较大	（1）安装在线气体检测仪，现场配置消防器材，定期检查； （2）严格审核进厂乙炔气瓶的资质，无检验标志和安全附件不得验收； （3）按规定保管气瓶	制定安全管理制度，严格落实	按照《消防火灾专项应急预案》执行	公司
余热锅炉	定期检查维护不到位、长期超负荷运行、管道保温缺失、安全附件失灵、管道破损泄漏	设备故障、人身伤害	一般	定期组织检测和校验安全附件，定期排查设备缺陷，发现缺陷，及时处理	（1）完善锅炉运行规程、检修维护规程，按照工艺要求做好设备运行和维护； （2）定期组织技能培训，提高员工技能水平； （3）定期进行锅炉年检	按锅炉运行规程规定程序处理	部门
油库	油库发生火灾或爆炸，清理油罐时内部有油烟，造成呼吸困难；高处检查不系安全带，造成高处坠落	火灾爆炸、中毒窒息、物体打击、高处坠落	一般	（1）清理作业过程中，周围严禁动火作业，并设置消防器材，高处作业系好安全带； （2）工作前，检查工器具防护设施齐全、完整，禁止使用不合格工器具	（1）工作负责人组织安全技术交底，明确工作内容、风险点、管控措施； （2）工作中，定期检查现场安全措施执行情况，发现违章，及时制止； （3）加强员工的安全技能培训，规范现场操作，切实提高员工自我防护能力	配置急救药箱，紧急情况，拨打 120 送医院处置，必要时汇报应急总指挥启动应急预案响应程序	部门
高压配电室	设备、线路故障，日常巡检时人员误操作	触电、火灾、设备故障	一般	（1）日常巡检，发现缺陷及时消缺； （2）使用合格的电气工器具	（1）工作负责人组织安全技术交底，明确工作内容、风险点、管控措施； （2）工作中，定期检查现场安全措施执行情况，发现违章，及时制止； （3）加强员工的安全技能培训，规范现场操作，切实提高员工自我防护能力	根据事故情况启动火灾专项应急预案、触电现场处置预案	部门
GIS 室	设备、线路故障，日常巡检时人员误操作	触电、设备故障	一般	（1）安装 SF_6 气体检测仪，实时检测，并定期进行仪器检验，发现缺陷，及时联系处理； （2）实行闭锁管理，日常检查由专业资质人员执行	（1）工作负责人组织安全技术交底，明确工作内容、风险点、管控措施； （2）工作中，定期检查现场安全措施执行情况，发现违章，及时制止； （3）加强员工的安全技能培训，规范现场操作，切实提高员工自我防护能力	根据事故情况启动火灾专项应急预案、触电现场处置预案	部门

垃圾发电锅炉专业风险数据库清单见表6－13。

表6－13　　垃圾发电锅炉专业风险数据库清单

序号	名称		类型	区域位置	可能发生的事故类型	管控层级	责任部门
1	启动风机		作业活动类	锅炉房	高处坠落、机械伤害	班组级	锅炉专业
2	锅炉启动开启料斗闸门投料		作业活动类	锅炉房	机械伤害、火灾	部门级	生产部
3	锅炉启动点火油泵		作业活动类	锅炉房	火灾	部门级	生产部
4	锅炉点火		作业活动类	锅炉房	火灾爆炸、灼烫	部门级	生产部
5	锅炉升温		作业活动类	锅炉房	设备损坏	部门级	生产部
6	启动炉排		作业活动类	锅炉房	机械伤害	班组级	锅炉专业
7	锅炉并汽		作业活动类	锅炉房	灼烫	班组级	锅炉专业
8	锅炉运行DCS操作		作业活动类	集控室	设备损坏	部门级	生产部
9	启动液压油系统运行		作业活动类	锅炉房	火灾	部门级	生产部
10	启动炉排炉运行		作业活动类	锅炉房	机械伤害	班组级	锅炉专业
11	锅炉排渣		作业活动类	锅炉房	其他伤害	班组级	锅炉专业
12	启动烟气处理设备		作业活动类	尾气处理间	中毒和窒息	部门级	生产部
13	锅炉排污		作业活动类	锅炉房	灼烫	班组级	锅炉专业
14	燃油罐区及锅炉油系统着火应急处置		作业活动类	油库	火灾	部门级	生产部
15	脱硫系统着火应急处置		作业活动类	尾气处理间	火灾	部门级	生产部
16	脱硝系统着火应急处置		作业活动类	尾气处理间	火灾	部门级	生产部
17	燃料尾部烟道二次燃烧应急处置		作业活动类	锅炉房	火灾	部门级	生产部
18	炉膛爆炸事故应急处置		作业活动类	锅炉房	火灾爆炸	部门级	生产部
19	锅炉灭火处理		作业活动类	锅炉房	爆炸	部门级	生产部
20	锅炉结焦处理		作业活动类	锅炉房	灼烫	公司级	公司
21	锅炉满水处理		作业活动类	锅炉房	设备损坏	部门级	生产部
22	锅炉缺水处理		作业活动类	锅炉房	设备损坏	部门级	生产部
23	锅炉承压部件爆漏处理		作业活动类	锅炉房	设备损坏	部门级	生产部
24	锅炉压力容器爆破处理		作业活动类	锅炉房	爆炸、其他伤害	公司级	公司
25	设备巡检		作业活动类	锅炉房	机械伤害	班组级	锅炉专业
26	锅炉停炉	停止燃料供应	作业活动类	锅炉房	爆炸	部门级	生产部
27		停止风机	作业活动类	锅炉房	高处坠落	班组级	锅炉专业
28		切断给水、蒸汽系统	作业活动类	锅炉房	灼烫	班组级	锅炉专业
29		疏水、泄压	作业活动类	锅炉房	灼烫	部门级	生产部
30	飞灰、渣收集	启动除渣机	作业活动类	锅炉房	灼烫	班组级	锅炉专业
31		锅炉排渣	作业活动类	锅炉房	机械伤害	班组级	锅炉专业
32		炉渣转运	作业活动类	锅炉房	车辆伤害	班组级	锅炉专业
33		投用除尘器	作业活动类	锅炉房	机械伤害	班组级	锅炉专业
34		启动刮板机及斗提机	作业活动类	锅炉房	机械伤害	班组级	锅炉专业
35		启动螺旋输送机	作业活动类	锅炉房	机械伤害	班组级	锅炉专业

续表

序号	名称		类型	区域位置	可能发生的事故类型	管控层级	责任部门
36	飞灰稳定化处理作业	启动飞灰混炼机	作业活动类	锅炉房	机械伤害	班组级	锅炉专业
37		飞灰螯合	作业活动类	灰库	机械伤害	班组级	锅炉专业
38		飞灰打包	作业活动类	灰库	机械伤害	班组级	锅炉专业
39		飞灰转运	作业活动类	灰库	车辆伤害	班组级	锅炉专业
40	脱硫作业	消石灰卸车	作业活动类	灰库	车辆伤害	班组级	锅炉专业
41		储存	作业活动类	尾气处理间	坍塌	班组级	锅炉专业
42		石灰浆制备及投用	作业活动类	尾气处理间	其他伤害	班组级	锅炉专业
43		投入干粉	作业活动类	尾气处理间	中毒和窒息	班组级	锅炉专业
44		巡检	作业活动类	尾气处理间	其他伤害	班组级	锅炉专业
45		DCS 操作	作业活动类	尾气处理间	设备损坏、其他伤害	班组级	锅炉专业
46	脱硝作业	尿素卸车	作业活动类	尾气处理间	其他伤害	班组级	锅炉专业
47		储存	作业活动类	尾气处理间	中毒和窒息	班组级	锅炉专业
48		制备	作业活动类	尾气处理间	机械伤害	班组级	锅炉专业
49		DCS 操作	作业活动类	尾气处理间	设备损坏、其他伤害	班组级	锅炉专业
50	烟气去除二噁英及重金属作业	活性炭卸车	作业活动类	尾气处理间	其他伤害	班组级	锅炉专业
51		储存	作业活动类	尾气处理间	中毒和窒息	班组级	锅炉专业
52		活性炭添加	作业活动类	尾气处理间	机械伤害	班组级	锅炉专业
53		DCS 操作	作业活动类	尾气处理间	设备损坏、其他伤害	班组级	锅炉专业
54	有限空间作业	炉膛清理	作业活动类	尾气处理间	中毒和窒息	公司级	公司
55		烟道内承压部件检修	作业活动类	锅炉房	中毒和窒息	公司级	公司
56		烟道内积灰清理	作业活动类	锅炉房	中毒和窒息	公司级	公司
57		布袋除尘器更换布袋及提升阀检修	作业活动类	锅炉房	中毒和窒息	公司级	公司
58		SCR 更换催化剂	作业活动类	尾气处理间	中毒和窒息	公司级	公司
59	往复式机械炉排炉、余热锅炉		设备设施类	锅炉房	锅炉爆炸、机械伤害	部门级	生产部
60	垃圾料斗		设备设施类	锅炉房	火灾、机械伤害	班组级	锅炉专业
61	除渣机		设备设施类	锅炉房	机械伤害、其他伤害	班组级	锅炉专业
62	漏渣刮板机		设备设施类	锅炉房	机械伤害	班组级	锅炉专业
63	液压油泵		设备设施类	锅炉房	其他伤害、火灾	部门级	生产部
64	一次风机		设备设施类	锅炉房	机械伤害	班组级	锅炉专业
65	空气预热器		设备设施类	锅炉房	机械伤害、灼烫	班组级	锅炉专业
66	再循环风机		设备设施类	锅炉房	机械伤害	班组级	锅炉专业
67	密封风机		设备设施类	锅炉房	机械伤害	班组级	锅炉专业
68	引风机		设备设施类	锅炉房	机械伤害	班组级	锅炉专业
69	轴承冷却风机		设备设施类	锅炉房	机械伤害	班组级	锅炉专业

续表

序号	名称	类型	区域位置	可能发生的事故类型	管控层级	责任部门
70	净化塔	设备设施类	尾气处理间	坍塌	班组级	锅炉专业
71	雾化器	设备设施类	尾气处理间	机械伤害	班组级	锅炉专业
72	布袋除尘器	设备设施类	尾气处理间	坍塌、高处坠落	班组级	锅炉专业
73	卸灰阀	设备设施类	尾气处理间	机械伤害	班组级	锅炉专业
74	输灰刮板机	设备设施类	尾气处理间	机械伤害	班组级	锅炉专业
75	斗提机	设备设施类	尾气处理间	机械伤害	班组级	锅炉专业
76	螺旋输送机	设备设施类	尾气处理间	机械伤害	班组级	锅炉专业
77	SNCR 尿素制备斗提机	设备设施类	尾气处理间	机械伤害	班组级	锅炉专业
78	尿素制备罐	设备设施类	尾气处理间	触电	班组级	锅炉专业
79	SNCR 尿素输送泵	设备设施类	尾气处理间	机械伤害	班组级	锅炉专业
80	尿素制备储存罐	设备设施类	尾气处理间	触电	班组级	锅炉专业
81	尿素喷枪	设备设施类	尾气处理间	其他伤害、灼伤	班组级	锅炉专业
82	SCR 尿素热解	设备设施类	尾气处理间	灼伤	部门级	生产部
83	SCR 喷枪	设备设施类	尾气处理间	其他伤害、灼伤	班组级	锅炉专业
84	灰仓	设备设施类	尾气处理间	高处坠落	班组级	锅炉专业
85	混炼机	设备设施类	尾气处理间	机械伤害	班组级	锅炉专业
86	打包机	设备设施类	尾气处理间	机械伤害	班组级	锅炉专业
87	活性炭储存罐	设备设施类	尾气处理间	机械伤害，其他伤害	班组级	锅炉专业
88	活性炭输送设备	设备设施类	尾气处理间	机械伤害，其他伤害	班组级	锅炉专业
89	消石灰储存罐	设备设施类	尾气处理间	其他伤害	班组级	锅炉专业
90	消石灰干粉输送设备	设备设施类	尾气处理间	机械伤害、其他伤害	班组级	锅炉专业
91	消石灰制浆	设备设施类	尾气处理间	其他伤害	班组级	锅炉专业
92	消石灰制备储存罐	设备设施类	油库房	触电	班组级	锅炉专业
93	埋地油罐	设备设施类	油库房	火灾	部门级	生产部
94	三螺杆供油泵	设备设施类	油库房	火灾	部门级	生产部
95	油输送管道	设备设施类	锅炉房	火灾	部门级	生产部
96	点火器	设备设施类	空压机房	火灾	部门级	生产部
97	空气压缩机	设备设施类	空压机房	触电	班组级	锅炉专业
98	冷冻式干燥机	设备设施类	空压机房	其他伤害	班组级	锅炉专业
99	微热吸附干燥机	设备设施类	空压机房	触电	班组级	锅炉专业
100	储气罐	设备设施类	锅炉房	其他爆炸	部门级	生产部
101	蒸汽吹灰器	设备设施类	锅炉房	灼烫、机械伤害	部门级	生产部
102	电动葫芦	设备设施类	锅炉房	机械伤害	部门级	生产部
103	渣吊	设备设施类	锅炉房	机械伤害	部门级	生产部
104	扩容器	设备设施类	锅炉房	其他爆炸	部门级	生产部
105	消防栓	设备设施类	锅炉房	火灾	班组级	锅炉专业
106	灭火器	设备设施类	锅炉房	火灾	班组级	锅炉专业

锅炉专业安全隐患检查表见表 6-14。

表 6-14　　锅炉专业安全隐患检查表

序号	风险点	检查项目	检查标准
1	锅炉设备设施	焚烧炉、余热锅炉附属设备	（1）防护栅栏、防护罩齐全可靠
			（2）各种行程限位开关、联锁开关灵敏可靠
			（3）紧急停止按钮灵敏、醒目
			（4）安全装置连接规范、可靠
			（5）照明符合要求
			（6）设备的电气元件及线路接触良好，连接可靠，无严重发热烧损现象，无严重绝缘老化现象
			（7）外露带电部分屏护完好
			（8）电控箱内无油污、灰尘及杂物
			（9）安全阀排放量满足工艺要求，起坐压力为操作压力的 1.15 倍
			（10）阀门完好、无泄漏，两级设置
2		垃圾料斗	（1）设备防护装置齐全
			（2）设置防护栏
			（3）各种行程限位开关、联锁开关灵敏可靠
			（4）电气设备连接规范
			（5）照明符合要求
			（6）设备的电气元件及线路接触良好，连接可靠，无严重发热烧损现象，无严重绝缘老化现象
			（7）外露带电部分屏护完好
			（8）电控箱内无油污、灰尘及杂物
3		除渣机	（1）设备基础良好、螺栓固定良好，无变形
			（2）各种行程限位开关、联锁开关灵敏可靠
			（3）紧急停止按钮灵敏、醒目
			（4）电动机 PE 连接规范、可靠。电气元件及线路接触良好，连接可靠，无严重发热烧损现象，无严重绝缘老化现象
4		漏渣刮板机	（1）设备防护装置齐全
			（2）连接规范可靠。设备的电气元件及线路接触良好，无严重发热烧损现象
			（3）电动机 PE 连接规范、可靠。电气元件及线路接触良好，连接可靠，无严重发热烧损现象，无严重绝缘老化现象
5		液压油泵	（1）设备防护装置齐全
			（2）基础坑处设置防护栏
			（3）液压系统管路连接完好、无泄漏
			（4）各种行程限位开关、联锁开关灵敏可靠
			（5）紧急停止按钮灵敏、醒目
			（6）电动机 PE 连接规范、可靠。电气元件及线路接触良好，连接可靠，无严重发热烧损现象，无严重绝缘老化现象

续表

序号	风险点	检查项目	检查标准
6	锅炉设备设施	一次风机	（1）传动系统润滑良好
			（2）各部连接可靠
			（3）传动灵敏、可靠
			（4）叶轮转动方向正确
			（5）电动机 PE 连接规范、可靠。电气元件及线路接触良好，连接可靠，无严重发热烧损现象，无严重绝缘老化现象
7		空气预热器	（1）设备基础良好、螺栓固定良好，无变形
			（2）密封良好，无泄漏
8		再循环风机	（1）传动系统润滑良好
			（2）各部连接可靠
			（3）传动灵敏、可靠
			（4）叶轮转动方向正确
			（5）风门调节器、进口过滤器系统设施完好，叶片无变形
			（6）电动机 PE 连接规范、可靠。电气元件及线路接触良好，连接可靠，无严重发热烧损现象，无严重绝缘老化现象
9		密封风机	（1）机架各部连接良好，无变形
			（2）设备基础良好，螺栓固定良好。风门调节器、叶片不变形
			（3）电动机 PE 连接规范、可靠。电气元件及线路接触良好，连接可靠，无严重发热烧损现象，无严重绝缘老化现象
10		引风机	（1）机架各部连接良好，无变形
			（2）设备基础良好，螺栓固定良好。风门调节器、叶片不变形
			（3）电动机 PE 连接规范、可靠。电气元件及线路接触良好，连接可靠，无严重发热烧损现象，无严重绝缘老化现象
11		轴承冷却风机	（1）机架各部连接良好，无变形
			（2）设备基础良好，螺栓固定良好。风门调节器、叶片不变形
			（3）电动机 PE 连接规范、可靠。电气元件及线路接触良好，连接可靠，无严重发热烧损现象，无严重绝缘老化现象
12		净化塔	（1）钢结构无变形
			（2）设备基础良好，螺栓固定良好；主体牢固，无裂缝、倾斜
13		雾化器	（1）设备的电气元件及线路接触良好，连接可靠，无严重发热烧损现象，无严重绝缘老化现象
			（2）外露带电部分屏护完好
			（3）电控箱内无油污、灰尘及杂物
14		布袋除尘器	（1）设备基础良好、螺栓固定良好，无变形
			（2）密封良好，无泄漏

续表

序号	风险点	检查项目	检查标准
15	锅炉设备设施	卸灰阀	（1）设备防护装置齐全、可靠
			（2）联锁开关灵敏、可靠
			（3）紧急停止按钮灵敏、完整，无异声
16		输灰刮板机	（1）设备防护装置齐全、可靠
			（2）联锁开关灵敏、可靠
			（3）转动方向准确
17		斗提机	（1）传动系统润滑良好
			（2）各部连接可靠
			（3）传动灵敏、可靠，安装符合规范
			（4）设备的电气元件及线路接触良好，连接可靠，无严重发热烧损现象，无严重绝缘老化现象
18		螺旋输送机	（1）传动系统润滑良好
			（2）各部连接可靠
			（3）传动灵敏、可靠
			（4）设备的电气元件及线路接触良好，连接可靠，无严重发热烧损现象，无严重绝缘老化现象
19		SNCR 尿素制备斗提机	（1）传动系统润滑良好
			（2）各部连接可靠
			（3）传动灵敏、可靠，安装符合规范
			（4）设备的电气元件及线路接触良好，连接可靠，无严重发热烧损现象，无严重绝缘老化现象
20		尿素制备罐	（1）本体完好，无变形、无泄漏；设备基础良好，螺栓固定良好
			（2）搅拌器的电气元件及线路接触良好，连接可靠，无严重发热烧损现象，无严重绝缘老化现象
			（3）搅拌器防护装置齐全
			（4）液位计、温度计等附件完好，正常投用
21		SNCR 尿素输送泵	（1）泵体无泄漏
			（2）管线连接规范、可靠，无泄漏
			（3）压力表完好，正常投用
			（4）电气元件及线路接触良好，连接可靠，无严重发热烧损现象，无严重绝缘老化现象，接地线完好
			（5）电控箱内无灰尘及杂物
22		尿素制备储存罐	（1）本体完好，无变形、无泄漏；设备基础良好，螺栓固定良好
			（2）液位计、温度计等附件完好，正常投用
23		尿素喷枪	（1）管道连接无渗漏
			（2）雾化情况良好
24		SCR 尿素热解	（1）本体完好，无变形，无泄漏；设备基础良好，螺栓固定良好
			（2）设备无裸露

续表

序号	风险点	检查项目	检查标准
25	锅炉设备设施	SCR 喷枪	（1）管道连接无渗漏
			（2）雾化情况良好
26		灰仓	主体牢固，无裂缝、倾斜，排风设备正常，爬梯牢固，扶手符合要求
27		混炼机	（1）传动系统润滑良好
			（2）各部连接可靠
			（3）传动灵敏、可靠，安装符合规范
			（4）设备的电气元件及线路接触良好，连接可靠，无严重发热烧损现象，无严重绝缘老化现象
			（5）防护装置齐全、可靠
			（6）紧急停止按钮灵敏、醒目
28		打包机	开关灵活，无卡涩，连接无松动，进、出灵活
29		活性炭输送设备	（1）传动系统润滑良好，各部连接可靠
			（2）传动灵敏、可靠，方向正确
			（3）轴承防护罩装置齐全、稳固
			（4）爬梯牢固，扶手符合要求，张贴防滑跌警告标识
30		氢氧化钙干粉输送设备	（1）传动系统润滑良好，各部连接可靠
			（2）传动灵敏、可靠，方向正确
			（3）轴承防护罩装置齐全、稳固
			（4）爬梯牢固，扶手符合要求，张贴防滑跌警告标识
31		氢氧化钙制浆泵	（1）泵体无泄漏
			（2）管线连接规范、可靠，无泄漏
			（3）压力表完好，正常投用
			（4）电气元件及线路接触良好，连接可靠，无严重发热烧损现象，无严重绝缘老化现象，接地线完好
32		氢氧化钙制备储存罐	（1）本体完好，无变形、无泄漏；设备基础良好，螺栓固定良好
			（2）液位计、温度计等附件完好，正常投用
33		埋地油罐	（1）本体完好，无变形、无泄漏；设备基础良好，螺栓固定良好
			（2）呼吸阀、液位计、温度计等附件完好，正常投用
34		供油泵	（1）泵体无泄漏
			（2）管线连接规范、可靠，无泄漏
			（3）压力表完好，正常投用
			（4）电气元件及线路接触良好，连接可靠，无严重发热烧损现象，无严重绝缘老化现象，接地线完好
35		油输送管道	管道连接牢固，无泄漏，固定牢固，支吊架调整良好

续表

序号	风险点	检查项目	检查标准
36	锅炉设备设施	点火器	（1）主体牢固，无裂缝，雾化良好
			（2）电气元件及线路接触良好，连接可靠，无严重发热烧损现象，无严重绝缘老化现象，接地线完好
37		空气压缩机	（1）电气元件及线路接触良好，连接可靠，无严重发热烧损现象，无严重绝缘老化现象，接地线完好
			（2）安全阀、压力表完好投用
38		冷冻式干燥机	（1）电气元件及线路接触良好，连接可靠，无严重发热烧损现象，无严重绝缘老化现象，接地线完好
			（2）管道连接牢固、无泄漏，阀门无泄漏
39		微热吸附干燥机	（1）电气元件及线路接触良好，连接可靠，无严重发热烧损现象，无严重绝缘老化现象，接地线完好
			（2）管道连接牢固、无泄漏，阀门无泄漏
40		储气罐	（1）罐体完整、牢固，基础稳定
			（2）压力容器检验合格，管道连接牢固、无泄漏，固定牢固
			（3）安全阀、压力表完好投用
41		蒸汽吹灰器	（1）管道无裂缝，无漏点
			（2）防护罩装置齐全、稳固
42		电动葫芦	（1）连接牢固，无泄漏，固定牢固，支吊架调整良好
			（2）开关灵活、无卡涩，连接无松动
			（3）电气元件及线路接触良好，连接可靠，无严重发热烧损现象，无严重绝缘老化现象，接地线完好
43		渣吊	（1）符合使用要求及规范，取得合格证
			（2）连接牢固，固定牢固，支吊架调整良好
			（3）开关灵活、无卡涩，连接无松动
			（4）电气元件及线路接触良好，连接可靠，无严重发热烧损现象，无严重绝缘老化现象，接地线完好
44		扩容器	（1）罐体完整、牢固，基础稳定
			（2）压力容器检验合格，管道连接牢固、无泄漏，固定牢固
			（3）安全阀、压力表、液位计、温度计完好投用
			（4）阀门无泄漏
45		消防栓	阀门开关灵活，主体牢固，无裂缝、倾斜，间距符合规范
46		灭火器	完整，无裂痕；压力合格
47		电梯	符合电梯技术条件、电梯制造与安装安全规程

续表

序号	风险点	检查项目	检查标准
48	锅炉设备设施	渗滤液喷枪	（1）管道连接无渗漏
			（2）喷枪及喷嘴无腐蚀、堵塞，雾化情况良好
49		污泥输送设备	（1）设备基础良好、螺栓固定良好，无变形
			（2）联锁开关灵敏、可靠
			（3）电动机外壳可靠接地，设备的电气元件及线路接触良好，连接可靠，无严重发热烧损现象，无严重绝缘老化现象
			（4）传动系统润滑良好，各部连接可靠
			（5）输送管道连接正常，无泄漏、松动。过滤器无堵塞、泄漏
50		污泥喷枪	（1）管道连接无渗漏
			（2）喷枪及喷嘴无腐蚀、堵塞，雾化情况良好
51		绞刀	（1）传动系统润滑良好
			（2）各部连接可靠
			（3）传动灵敏、可靠
			（4）设备的电气元件及线路接触良好，连接可靠，无严重发热烧损现象，无严重绝缘老化现象
52		乙炔脉冲吹灰器	（1）管线无裂缝，无漏点
			（2）脉冲罐齐全、稳固
53		烟囱	（1）主体牢固，无裂缝、倾斜，排风设备符合要求
			（2）避雷针无裂痕、损坏，连接正常
			（3）补偿器连接正常
			（4）爬梯及格栅牢固，扶手符合要求
54		厂房及附属设施	（1）主体牢固，无裂缝、倾斜，排风设备、排水设备符合要求
			（2）爬梯牢固，扶手符合要求
55	有/受限空间作业	炉膛清理	通风良好，使用手持式分析仪检测；不存在有毒有害气体，设置专人监护，穿戴劳动保护用品
56		烟道内承压部件检修	设置专人监护，锅炉已经完全泄压
57		烟道内积灰清理	保持通风，使用手持式分析仪检测；无有毒有害气体，设置专人监护，烟道维持负压
58		布袋除尘器更换布袋	保持通风，使用手持式分析仪检测；无有毒有害气体，设置专人监护，布袋分区摆放
59		SCR 更换催化剂	烟道保持通风，使用手持式分析仪检测；无有毒有害气体，设置专人监护，切换旁路运行
60	尾气检测	尾气检测	检测取样用电梯取得安全合格使用证，有专人监护

第七章　应急管理体系建设

《中华人民共和国安全生产法》第七十九条提出，鼓励生产经营公司和其他社会力量建立应急救援队伍，配备相应的应急救援装备和物资，提高应急救援的专业化水平。

《安健环事故事件应急条例》自 2019 年 4 月 1 日起施行。《条例》一是明确应急工作体制，二是强化应急准备工作，三是规范现场应急救援工作。《条例》规定，发生安健环事故事件后，生产经营单位应当立即启动安健环事故事件应急救援预案，采取相应的应急救援措施，并按照规定报告事故情况。

第一节　应急管理体系建设的总体要求

企业要始终把“应急准备好了没有”作为检验标尺，强化应急准备和救援，有能力处置风险。“四项应急准备”总体要求如下。

一、做好预案准备

企业应制定综合应急预案、专项应急预案和现场处置方案，针对预案缺乏实用性等问题，加强预案审核和把关，强化预案的可操作性。

二、做好机制准备

着力健全应急响应机制，确保预警发布后应急机制能高效运转。着力健全应急指挥机制，明确指挥部人员岗位和职责，强化统一领导，现场指挥要听取专业意见，平时就要注重专业指挥人才培养、专业团队建设，生产指挥和应急指挥应一体化管理。

三、做好力量准备

要结合灾害风险特点，培养“一专多能”的综合救援队伍，从难从严开展有毒有害气体中毒爆炸、全厂停电等应急准备，加强有/受限空间被困、火灾等特殊救援针对性演练，切实提高救援处置能力，重点要提高员工岗位应急能力。

四、做好装备物资准备

优化有/受限空间救援、气体中毒、火灾搜救等装备配备，在重点区域、重点部位加强特殊装备配备，提高断电、断网等极端情况下的应急保障能力。

第二节　突发事件特点及类型

一、突发事件概述

突发事件也可以表述为“危机”“紧急事件”“紧急状态”等。《中华人民共和国突发事件应对法》将突发事件认定为突然发生，造成或者可能造成严重社会危害，需要采取应急处置措施予以应对的自然灾害、事故灾难、公共卫生事件和社会安全事件。突发事件分为特别重大、重大、较大、一般四级。

二、突发事件的特点

导致突发事件的原因很多，如自然原因、设备原因、管理原因等。突发事件并非一般的事故，不能将突发事件混为一般事故。突发事件一般都具有以下几个特点。

（一）不确定性

不确定性是突发事件的重要特点之一。包括事件的发生不确定、事件发生的时间不确定、事件发生的状况不确定、事件的后果及其严重程度不确定。

（二）危害性

突发事件的危害性主要表现在员工生命受到威胁、企业经济上遭受重大损失、环境遭到破坏、生产秩序遭到破坏。

（三）紧迫性

突发事件是“突然发生的”，从发展速度来说，它的进程极快，从预兆、发生、发展、高潮，到最后结束，周期非常短暂，因而难以判断及做出正确的反应，这种时间上的突发性增加了控制与处理突发事件的难度。

（四）复杂性

突发事件需要应急处置的原因之一也在于其复杂性。突发事件的起因复杂，有的突发事件还会发生“连锁反应”，导致失控，简单的问题变成复杂的问题。

三、突发事件的类型

根据突发事件发生的过程、性质和机理，将突发事件主要分为以下四类。

（一）自然灾害

自然灾害是指由自然因素引发的地壳运动、气候有关的灾害。主要包括气象灾害（暴雨、高温、台风、雷电、大风、寒潮、冰雹、冻雨等天气气候事件及其次生、衍生灾害）、地震灾害、地质灾害等。

（二）事故灾难

事故灾难主要包括企业各类安全事故、交通运输事故、设备事故、环境污染事件等。环境污染事件主要为生产过程中产生的水体污染，大气污染，固体废弃物污染和环境保护排放数据上传、标记和信息报送不符合相关规定等。垃圾运输车造成的突发事故在垃圾发电企业也经常发生。

（三）职业健康事件

职业健康事件主要包括传染病疫情、群体性疾病、食品安全和职业危害以及其他严重影响员工健康的事件。

（四）群体性事件和社会安全事件

群体性事件是指由某些社会矛盾引发，以人民内部矛盾的形式，通过没有合法依据的规模性聚集，对社会造成负面影响的群体活动；社会安全事件主要包括重大刑事案件等。针对垃圾发电企业的社会群体事件时有发生。

第三节　事故应急救援的任务和原则

一、事故应急救援的基本任务

事故应急救援的总目标是通过有效的应急救援行动，尽可能地降低事故的后果，包括人员伤亡、财产损失和环境污染等。事故应急救援的基本任务包括下述几个方面。

1. 人员救护

抢救受害人员和组织撤离、保护事故区域内的其他人员是应急救援的首要任务。

2. 事故源控制

及时控制住造成事故的危险源是应急救援工作的重要任务。应急启动后应及时地控制住事故源，防止事故继续扩展。

3. 事故现场恢复

针对事故对人身、环境等造成的危害，迅速采取措施，防止对人的继续危害和对环境的污染。及时清理事故现场，将事故现场恢复至相对稳定的状态。

二、事故应急救援的基本原则

在发生事故时，应急救援应遵循以下基本原则。

（1）迅速控制危险源，组织抢救遇险人员。

（2）根据事故危害程度，采取必要措施，减轻事故的后果，防止事故危害扩大和次生、衍生灾害发生。

（3）组织现场人员撤离或者采取可能的应急措施后撤离。维护事故现场秩序，保护事故现场和相关证据。

（4）及时通知可能受到事故影响的单位和人员。

（5）现场指挥部实行总指挥负责制，统一指挥。

（6）应急救援队伍根据救援命令参加安健环事故事件应急救援所耗费用，由事故责任公司承担，事故责任公司无力承担的，由有关人民政府协调解决。

（7）根据需要请求邻近的应急救援队伍参加救援，并向参加救援的应急救援队伍提供相关技术资料、信息和处置方法。

（8）在安健环事故事件应急救援过程中，发现可能直接危及应急救援人员生命安全的紧急情况时，现场指挥部应当立即采取相应措施消除隐患。

（9）安健环事故事件发生地人民政府应当为应急救援人员提供必需的后勤保障，并组织通信、交通运输协助应急救援。

（10）生产经营公司未制定应急预案、未定期组织应急救援预案演练、未对从业人员进行应急教育和培训，生产经营公司的主要负责人在发生安健环事故事件时不立即组织抢救的，由县级以上人民政府负有安全生产监督管理职责的部门依照《中华人民共和国安全生产法》有关规定追究法律责任。

（11）生产经营公司未对应急救援器材、设备和物资进行经常性维护、保养，导致发生严重生产安全事故或者安健环事故事件危害扩大，或者在发生安健环事故事件后未立即采取相应的应急救援措施，造成严重后果的，由县级以上人民政府负有安全生产监督管理职责的部门依照《中华人民共和国突发事件应对法》有关规定追究法律责任。

（12）生产经营公司未将安健环事故事件应急救援预案报送备案、未建立应急值班制度或者配备应急值班人员的，由县级以上人民政府负有安全生产监督管理职责的部门责令限期改正。逾期未改正的处以相应经济处罚。

第四节　事故应急救援体系的构成

由于事故种类繁多，情况复杂，突发性强，应急活动又涉及各个层次，这都给应急管理和事故应急救援指挥带来了困难。解决这些问题的唯一途径是建立起科学、完善的应急管理体系和实施规范、有序的运作程序。

按照《全国安全生产应急救援体系总体规划方案》的要求，安全生产应急管理体系主要由组织体系、运行体系、制度和预案体系、支持保障系统等部分组成。应急救援体系的构成如图 7–1 所示。

一、组织体系

组织体系是安全生产应急管理体系的基础，主要包括应急管理机构、功能部门以及应急指挥和救援队伍。应急救援组织体系建设中的管理机构是指维护应急日常管理的负责部门，如公司的安委会。功能部门包括与应急活动有关的各部门和组织，如义务消防队、运行部、技术设备部、保安队等。应急指挥是应急预案启动后，负责应急救援活动场外与场内指挥的系统。而救援队伍则由专业和志愿人员组成。

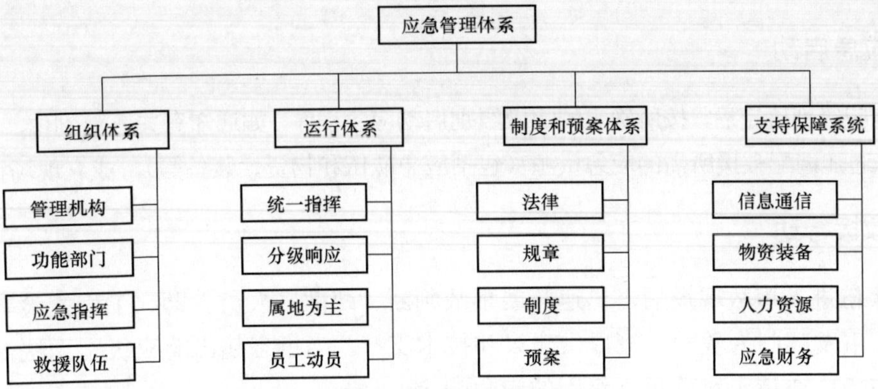

图 7-1　应急救援体系的构成

二、运行体系

应急运行体系主要由统一指挥、分级响应、属地为主和员工动员 4 个基本机制组成。运行体系是应急管理体系的重要保障，目标是实现统一领导、分级管理，资源共享、协同作战，一专多能、专兼结合，防救结合、平战结合，以及员工参与。

三、制度和预案体系

制度和预案体系是应急体系的基础和保障，也是开展各项应急活动的依据，与应急有关的制度主要包括由立法机关通过的法律，政府和有关部门颁布的规章、规定，企业制定应急救援的管理制度和预案等。

四、支持保障系统

支持保障系统是体系运转的物质条件，主要包括通信系统、培训演练系统、技术支持系统、物资与装备保障系统、应急财务等。应急通信系统要具备预警、报警、指挥等功能，实现信息交流快速、顺畅、准确。物资与装备不但要保证有足够的资源，而且还要实现快速、及时供应到位。人力资源保障包括专业队伍、志愿人员以及其他有关人员的培训教育。应急财务保障要保障应急管理运行和应急反应中各项活动的开支。

第五节　事故应急救援响应程序

事故应急救援响应程序可分为接警与响应级别确定、应急启动、救援行动、应急恢复和应急结束等几个过程。

一、接警与响应级别确定

接到事故报警后，按照工作程序，做出判断，初步确定相应的响应级别。如果事故不到启动应急救援体系的最低响应级别，响应关闭。

二、应急启动

应急响应级别确定后，按所确定的响应级别启动应急程序，如通知有关人员到位、开通信息与通信网络、通知调配救援所需的应急资源（包括应急队伍和物资、装备等）、成立现场指挥部等。

三、救援行动

应急队伍进入事故现场后，迅速开展事故判断、疏散、人员救助、工程抢险等有关应急救援工作，事发部门为救援决策提供建议和技术支持。当事态超出响应级别无法得到有效控制时，向应急中心请求实施更高级别的应急响应。

四、应急恢复

应急恢复主要包括现场清理、人员清点和撤离、警戒解除、善后处理和事故事件调查等。

五、应急结束

执行应急关闭程序，由事故总指挥宣布应急结束。

第六节　事故应急预案的作用及构成

《中华人民共和国安全生产法》第八十一条提出生产经营公司应当制定安健环事故事件应急救援预案，并定期组织演练。

一、事故应急预案的作用

事故应急预案明确了在突发事件发生之前、发生过程中以及刚刚结束之后，谁负责做什么、何时做，以及相应的策略和资源准备等。它是针对可能发生的重大事故及其影响和后果的严重程度，为应急准备和应急响应的各个方面所预先作出的详细的安排，是开展及时、有序和有效事故应急救援工作的行动指南。

（一）应急预案确定了应急救援的范围

应急预案使应急管理有据可依、有章可循。尤其是通过培训和演练，可以使员工熟悉自己的任务，具备完成指定任务所需的相应能力，并检验预案和行动程度，评估应急人员的整体协调性。

（二）应急预案有利于做出及时的应急响应和降低事故后果

应急预案预先明确了应急各方的职责和响应程序，在应急资源等方面进行了先期准备，可以指导应急救援迅速、高效、有序地开展，将事故造成的人员伤亡、财产损失和环境破坏降到最低程度。

（三）应急预案是重大事故的应急基础

通过编制应急预案，可以对突发事故起到基本的应急指导作用，成为开展应急救援的“指南”。在此基础上，可以针对特定事故类别编制专项应急预案，并有针对性地开展专项应急准备活动。

（四）应急预案建立了与上级应急救援体系的衔接

通过编制应急预案，可以确保当发生超过本级应急能力的重大事故时与有关应急机构的联系和协调。

（五）应急预案有利于提高风险防范意识

应急预案的编制、评审、发布、宣传、演练和培训，有利于各方了解可能面临的重大事故及相应的应急措施，有利于促进各方提高风险防范意识和能力。

二、事故应急预案的构成层级

一般情况下，按照应急预案的功能和目标，应急预案可分为 3 个层级。

第一个层级，综合预案。

第二个层级，专项预案。

第三个层级，现场处置方案。

应急预案层级如图 7－2 所示。

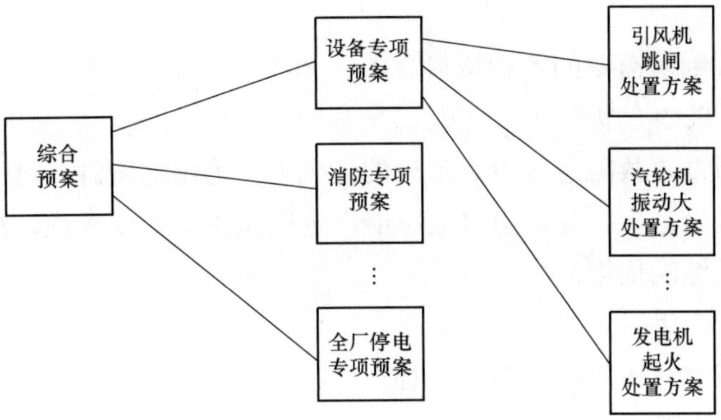

图 7－2　应急预案层级

（一）综合预案

综合预案相当于总体预案，从总体上阐述预案的方针、策略，应急组织结构及相应的职责，应急行动的总体方针等。综合预案可以清晰地了解应急的组织体系、运行机制及预案的文件体系。综合预案可以作为应急救援工作的基础和“指南”，对那些没有预料的紧急情况也能起到一般的应急指导作用。

（二）专项预案

专项预案是为应对某一类型或某几种类型事故，或者针对重要生产设施、重大危险源、重大活动等内容制定的应急预案，如消防预案。专项应急预案主要包括事故风险分析、应急指挥机构及职责、处置程序和措施等内容。

专项预案是在综合预案的基础上，充分考虑了某种特定危险的特点，对应急的形势、组织机构、应急活动等进行更具体的阐述，具有较强的针对性，是综合应急预案的组成部分，并作为综合应急预案的附件。

（三）现场处置方案

现场处置方案是在专项应急预案的基础上，根据具体情况而编制的。它是针对危险性较大的具体岗位制定的现场处置方案。内容包括危险性分析、事故现象、预防措施等。

现场处置方案的另一特殊形式为单项预案。单项预案可以是针对高风险的操作或维修活动而制定的临时性应急行动方案。随着这些活动结束，预案的有效性也随之终结。

第七节　事故应急预案的编制程序及内容

一、应急预案编制步骤

（一）成立工作组

成立以公司主要负责人为领导的应急预案编制工作组，明确编制任务、职责分工，制定工作计划。

（二）资料收集

收集应急预案编制所需要的各种资料。

（三）危险源与风险分析

在危险因素分析及事故隐患排查、治理的基础上，确定危险源、可能发生的事故的类型和后果，进行事故风险分析，并指出事故可能产生的次生、衍生事故，形成分析报告，分析结果作为应急预案的编制依据。

（四）应急能力评估

对应急装备、应急队伍等应急能力进行评估。

（五）应急预案编制

针对可能发生的事故，按照有关规定和要求编制应急预案。应急预案编制过程中，应注重全体人员的参与和培训，使所有与事故有关人员均掌握危险源的危险性、应急处置方案和技能。应急预案应充分利用社会应急资源，与地方政府预案、上级主管公司以及相关部门的预案相衔接。

（六）应急预案的评审与发布

内部评审由主要负责人组织有关部门和人员进行。外部评审由上级主管部门或地方政府负责安全管理的部门组织审查。评审后，按规定报有关部门备案，并经公司主要负责人签署发布。

二、事故应急预案的主要内容

企业可参考 AQ/T 9002《生产经营单位安全生产事故应急预案编制导则》规定，编制综合预案、专项预案和现场处置方案。完善的应急预案主要包括以下六个方面的内容。

（一）应急预案概况

应急预案概况主要描述公司概况以及危险特性状况等，同时对紧急情况下应急事件、适用范围和方针原则等提供简述。应急救援体系首先应有一个明确的方针和原则作为指导应急救援工作的纲领。方针与原则反映了应急救援工作的优先方向，如保护人员安全优先、防止和控制事故蔓延优先、保护环境优先。此外，方针与原则还应体现事故损失控制、预防为主、统一指挥以及持续改进等思路。

（二）事故预防程序

预防程序是对潜在事故、可能与次生、衍生事故进行分析，并说明所采取的预防和控制事故的措施。应急预案是有针对性的，具有明确的对象，其对象可能是某一类或多类重大事故类型。应急预案的制定必须基于对所针对的潜在事故类型有一个全面系统的认识和评价，识别出重要的潜在事故类型、性质及事故后果，同时，根据危险分析的结果，分析应急救援的应急力量和可用资源情况，并提出意见。

1. 危险分析

危险分析的最终目的是要有明确应急的对象（可能存在的重大事故）、事故的性质及其影响范围、后果严重程度等，为应急准备、应急响应提供决策和指导依据。危险分析包括危险识别和风险分析。

2. 资源分析

针对危险分析所确定的主要危险，明确应急救援所需的资源，列出可用的应急力量和资源，包括：

（1）应急力量的组成情况。

（2）重要应急设备、物资的准备情况。

（3）上级救援机构或周边可用的应急资源。

通过资源分析，可为应急资源的规划与配备、与相邻地区签订互助协议和预案编制提供指导。

3. 法律法规要求

有关应急救援的法律法规是开展应急救援工作的重要前提保障。编制预案前，应调研国家和地方有关应急预案、事故预防、应急准备、应急响应和恢复相关的法律法规文件，以作为预案编制的依据。

（三）准备程序

准备程序应说明应急行动前所需采取的准备工作，包括应急组织及其职责权限、应急队伍建设和人员培训、应急物资准备、预案演练、应急知识培训、签订互助协议等。

应急预案能否在应急救援中成功地发挥作用，不仅仅取决于应急预案自身的完善程度，还依赖于应急准备的充分与否。

1. 机构与职责

为保证应急救援工作的反应迅速、协调有序，必须建立完善的应急机构组织体系，包括公司应急管理的领导机构、应急响应中心等。对应急救援中承担任务的所有应急组织，应明确相应的职责、负责人、候补人及联络方式。

2. 应急资源

应急资源准备是应急救援工作的重要保障，应根据潜在事故的性质和危险分析，合理组建专业救援力量，配备应急救援中所需的各种救援物资和装备、监测仪器、通信工具、交通工具、个体防护装备、药品、生活保障物资等，并定期检查、维护与更新，保证始终处于完好状态。另外，对应急资源信息应实施有效的管理与更新。

3. 互助协议

当应急力量与资源相对薄弱时，应事先寻求与邻近区域签订正式的互助协议，并做好相应的安排，以便在应急救援中及时得到外部救援力量和资源的援助。此外，也应与社会专业技术服务机构等签署相应的互助协议。

（四）应急程序

在应急救援过程中，有一些必需的核心程序和任务，如接警与通知、指挥与控制、警报和紧急公告、通信、事态监测与评估、警戒、人群疏散与安置、医疗、公共关系、应急人员安全、抢险与救援、危险物资控制等，无论何种应急过程都必须围绕上述程序和任务开展。

1. 接警与通知

准确了解事故的性质和规模等初始信息是决定启动应急救援的关键。接警作为应急响应的第一步，必须对接警要求作出明确规定，保证迅速、准确地向报警人员询问事故现场的重要信息。接警人员接到报警后，应按预先确定的通报程序，迅速向应急指挥部、上级部门发出事故通知，以采取相应的行动。

2. 指挥与控制

对应急行动的统一指挥和协调是有效开展应急救援的关键。建立统一的应急指挥、协调和决策程序，便于对事故进行初始评估，确认紧急状态，从而迅速、有效地进行应急响应决策，建立现场工作区域，指挥和协调现场救援队伍开展救援行动。

3. 警报和紧急公告

当事故可能影响到周边区域时，应及时启动警报系统，向员工发出警报，告知事故性质、对健康的影响、自我保护措施、注意事项等，以保证员工能够及时做出自我保护响应。决定实施疏散时，应通过紧急公告确保员工了解疏散的有关信息，如疏散时间、路线及目的地等。

4. 通信

通信是应急指挥、协调和与外界联系的重要保障，在现场指挥部、各部门和外部救援机构之间，必须建立完善的应急通信网络，保持通信网络畅通。

5. 事态监测与评估

在应急救援过程中必须对事故的发展势态及影响及时进行动态的监测，建立对事故现场及场外的监测和评估程序，是控制事故现场、制定抢险措施的重要决策依据，也是划分现场工作区域、保障现场应急人员安全、实施员工保护措施的重要依据。即使在现场恢复阶段，也应当对现场和环境进行监测。

6. 警戒

为保障现场应急救援工作的顺利开展，在事故现场周围建立警戒区域，维护现场秩序。

7. 人群疏散与安置

人群疏散是减少人员伤亡扩大的关键，应当对疏散的紧急情况和决策、预防性疏散准备、疏散区域、疏散距离、疏散路线、避难场所等作出细致的规定和准备。

8. 医疗

对受伤人员采取及时、有效的现场急救，合理转送医院进行治疗，是减少事故现场人员伤亡的关键。

9. 公共关系

重大事故发生后，不可避免地会引起新闻媒体和员工的关注。应保证事故和救援信息的统一发布，明确事故应急救援过程中对媒体和员工的发言人以及信息批准、发布的程序，避免信息的不一致性。同时，还应接待和安抚受害者家属。

10. 应急人员安全

重大事故尤其是涉及有/受限空间、危险化学品的重大事故的应急救援工作危险性极大，必须对应急人员自身的安全问题进行周密的考虑，包括安全预防措施、个体防护设备、现场安全监测等，保证应急人员免受事故的伤害。

11. 抢险与救援

抢险与救援是应急救援工作的核心内容之一，其目的是尽快地控制事故的发展，防止事故的蔓延和进一步扩大，从而最终控制住事故，并积极营救事故现场的受害人员。尤其是涉及有/受限空间、危险化学品的泄漏、火灾事故、气体中毒爆炸，其抢险救援的难度和危险性巨大，应对抢险的器材和物资、人员的培训、方法和策略以及现场指挥等做好周密的安排和准备。

12. 危险物质控制

危险物质的泄漏或失控，将可能引发火灾、爆炸或中毒事故，对人员和设备等造成严重危害。同时也会给现场救援工作带来更大的危险。因此，必须对危险物质进行及时有效的控制，如对泄漏物的围堵、收容和洗消，并进行妥善处置。

（五）现场恢复

现场恢复也可称为紧急恢复，是指事故被控制住后所进行的短期恢复，从应急过程来说意味着应急救援工作的结束，进入到另一个工作阶段，即将现场恢复到一个基本稳定的状态。大量的经验教训表明，在现场恢复的过程中仍存在潜在的危险，如余烬复燃、受损建筑倒塌等，因此，应充分考虑现场恢复过程中可能的危险。该工作内容应包括宣布应急结束的程序、撤离和交接程序恢复正常状态的程序、现场清理和受影响区域的连续检测、事故事件调查与后果评价等。

（六）预案管理与评审改进

应急预案是应急救援工作的指导文件。应当对预案的制定、修改、更新、批准和发布做出明确的管理规定，保证定期或在应急演练、应急救援后对应急预案进行评审和改进，针对各种实际情况的变化以及预案应用中所暴露出的缺陷，持续地改进，以不断地完善应急预案体系。

以上这六个方面的内容相互之间既相对独立，又紧密联系，从应急的方针、策划、准备、响应、恢复到预案的管理与评审改进，形成了一个有机联系并持续改进的体系结构。这些要素是重大事故应急预案编制所应当涉及的基本方面，在编制时，可根据职能部门的设置和职责等具体情况，将要素进行合并或增加，以更符合实际。

第八节　垃圾发电企业应急预案目录及示例

一、预案目录

垃圾发电企业应急预案目录见表 7－1，企业可根据实际参照执行。

表 7－1　　垃圾发电企业应急预案目录

序号	预案名称		备注
1	综合应急预案		
2	专项应急预案	防台风、防强对流应急预案	沿海地区
		人身事故应急预案	
		全厂停电事故应急预案	
		水淹泵房应急预案	
		防汛应急预案	
		有/受限空间应急预案	
		火灾事故应急预案	
		电力网络信息系统安全事故应急预案	
		液氨泄漏事件应急预案	
		环境污染事故应急预案	
3	现场处置方案	危险化学品泄漏事故处置方案	人身事故类
		有毒气体中毒伤亡事故处置方案	
		触电伤亡事故处置方案	
		火灾伤亡事故处置方案	
		电网稳定破坏处置方案	设备事故类
		公用系统故障处置方案	
		厂用电中断事故处置方案	
		汽轮机超速、轴系断裂、润滑油系统火灾处置方案	
		电力二次系统安全防护处置方案	电力网络与信息系统安全类
		生产调度通信系统故障处置方案	

续表

序号	预案名称		备注
3	现场处置方案	锅炉燃油系统火灾事故处置方案	火灾事故类
		燃油罐区火灾事故处置方案	
		垃圾仓火灾事故处置方案	
		电缆火灾事故处置方案	
		集控室火灾事故处置方案	
		化学危险品泄漏事件处置方案	环境污染事故类
		飞灰泄漏事件处置方案	
		渗滤液泄漏事件处置方案	
		尾气排放超标事件处置方案	

二、火灾专项应急预案示例

（一）确定危险源

危险源包括垃圾仓外来火种，电力设备、设施发生故障，电气设备或电力线路老化、过载、漏电，使用、动用、储存易燃易爆危险品，有/受限空间易燃易爆气体浓度超标，动用明火，吸烟，违章操作等因素。

（二）应急处置基本原则

统一组织指挥火灾的应急处理，落实消防安全生产责任制，明确各级人员的职责。确保信息畅通，报警、汇报及时。发生火情后，做到反应迅速、指挥得当、灭火得力、疏散及时，最大限度地降低火灾的损失和影响。全面了解火场情况，对可能造成人员伤亡、爆炸、大面积燃烧、影响电网稳定和社会稳定等影响全局的火情优先处理，优先解救被困人员，及时救治伤员，最大限度地减少人员伤亡。

（三）危险源监控

建立完善消防规章制度，主要包括防火巡查、消防（控制室）值班、消防检查、消防培训、消防设施器材维护管理、火灾隐患整改、火灾预案的制定及演练、用火用电安全管理、易燃易爆危险品管理、防雷防静电管理、有/受限空间气体检测管理等。消防控制室 24h 有人值班，及时接警。确保火灾自动报警系统运行可靠，当发生火情时系统能正确报警。对非运行电气设备，无人使用或人员离开时应关闭电源。对动用明火实施严格的消防安全管理，禁止在具有火灾、爆炸危险的场所使用明火，进行明火作业的，应提前办理动火工作票并按程序进行审批。定期对重点要害部位电力设备、设施进行巡视、巡查，及时消除隐患。加强对易燃易爆危险品的管理，电气设备、线路敷设必须符合防爆要求，并落实相应的安全措施。电力电缆敷设必须符合消防规程要求，对穿越墙壁、楼板和电缆沟道而进入控制室、电缆夹层、控制柜及仪表盘、保护盘等处的电缆孔、洞、竖井必须用防火材料严密封堵。按照消防安全重点单位（场所）的要求，对电气设备的线路应经常检查维修，每年定期进行绝缘检测，发现短路和绝缘不良，应及时维修。严格执行消防安全监督检查制度，对检查存在的火险隐患，应当及时予以消除。对当场不能整改的火险隐患，消防归口管理部门应根据管理分工及时汇报，提出整改方案，并落实整改资金。火灾隐患未消除之前，应落实防范措施，保障消防安全。办公、生产、经营、生活场所应分别制定具体的灭火、应急疏散预案，并按规定定期演练。

（四）报警方法

发现火情，每人都有义务有责任报警，要立即通过报警按钮或电话向消防控制室报警。消防控制室确认火情后，拨打“119”电话报警。没有设消防控制室的，直接拨打“119”电话报警。报警时要沉着、冷静，准确说清起火单位名称、地址及起火部位、燃烧的物质、火势的大小、有无人员被困。消防控制室拨打“119”电话报警后，立即报告应急指挥部办公室。消防控制室电话：×××××××，应急指挥部办公室电话：×××××××。

（五）报告程序

消防控制室得到火灾信息后，迅速汇报公司应急指挥部办公室，应急指挥部办公室汇报应急指挥部。必要时可以越级上报。

（六）报告方式及内容

（1）口头汇报。发生火灾后，消防控制室得到火灾信息后，立即向公司应急指挥部办公室进行口头汇报。应急指挥部办公室做好记录，并向应急指挥部进行汇报。

（2）书面汇报。发生火灾部门（或单位）应当在 4h 内，以书面形式汇报应急指挥部办公室，应急指挥部办公室在调查、了解火灾情况汇总后，应当在 8h 内以书面形式上报应急指挥部。报告内容包括火灾发生的时间、地点、火灾范围、火灾类别、可燃物、着火情况、人员伤亡、现场急救情况等。

（七）响应程序

发生火灾后，现场和先期到达现场人员立即开展灭火和救援工作。应急指挥部办公室接到火灾报告后，立即启动火灾专项应急预案，同时向应急指挥部报告。应急指挥部总指挥、副总指挥、应急办公室成员及应急工作组立即赶赴火灾现场，迅速开展人员疏散、灭火、救援等工作。

（八）处置措施

现场发现火情的人员立即通过报警按钮或电话向消防控制室报警或直接拨打“119”电话报警。同时，就近取用灭火器或消火栓灭火。消防控制室值班人员接到火灾自动报警系统发出的火灾报警信号时，要立即通知巡查人员或报警区域的楼层值班、工作人员迅速赶往现场实地查看。查看人员确认火情后，要立即通过报警按钮、楼层电话或无线对讲系统向消防控制室反馈信息，并同时组织本楼层人员进行灭火和疏散。消防控制室接到查看人员确认的火情报告后，或者直接得到有关人员报警后，要同时做到：① 立即启动事故广播，发出火警指令，告知有关人员不要惊慌，按照逃生路线迅速安全疏散、撤离；② 设有正压送风、排烟系统和消防水泵等设施的要立即启动，确保人员安全疏散和有效扑救初起火灾；③ 拨打“119”电话报警；④ 报告应急指挥部办公室。应急指挥部办公室得到火灾报告后，立即汇报应急指挥部，同时启动应急预案。应急指挥部、应急指挥部办公室成员及相关人员立即赶赴火灾现场，指挥开展人员疏散、灭火、救援等工作。疏散引导组跑向起火部位附近或本楼层安全出口处，做出手势，呼叫、引导现场人员通过最近的疏散通道、安全出口疏散，做到每个安全出口和疏散通道处有人引导。消防安全疏散的顺序应是起火层、起火层的上一层、起火层的下一层、起火层以上的其他楼层。高层建筑发生火灾，人员疏散可通过安全疏散楼梯或室外消防设备进行，严禁使用普通电梯，灭火前应关闭相应区域的电源和可燃气源。实施疏散出现混乱堵塞时，要内外合作，强行疏导，保证全体人员迅速疏散。救火或撤离火场时，在烟气较大的情况下，使用呼吸器或用湿毛巾、湿衣物等掩住口鼻。灭火行动组取用就近的灭火器，迅速跑向起火部位，打开灭火器灭火。安排人员迅速跑向距离起火部位最近的室内消火栓处，接好水带、水枪，并铺开水带跑向起火部位，对准起火点灭火。灭火时坚持“救人第一”的原则，在第一时间尽最大努力解救被困人员，最大限度降低人员伤亡。火势过大有人被困时，及时采取破墙、搭梯等方法进行援救。对于难以立即扑灭的火情，应采取“先控制、后灭火”的原则，集中力量切断火势蔓延途径，将火势控制在一定范围内，防止火势扩大。变电站控制室发生火灾，要立即切断相应的电源，关闭通风系统，人员撤离后，做好防护措施，并使用高效灭火设施进行灭火，同时防止火势向其他处蔓延。电缆着火时易产生大量烟雾，且发展速度较快，火灾扑救时应首先切断电源，同时要注意在着火点上下、前后设防，特别要防止火势向主控室、主要电气设备、电缆夹层蔓延。变压器火灾扑救应在断电后进行，加强对变压器外体的冷却，防止外体爆裂。采用排放变压器油灭火时，要防止四处喷溅，造成火灾面积扩大，同时选用喷雾水、泡沫或干粉、干沙灭火。通信联络组根据火情，可安排人员迅速跑向起火部位区域或起火楼层设置的报警按钮、电话处，或利用移动电话，及时向“119”和消防控制室报警说明情况，并派专人迎接、引导消防车。安全防护救护组配合公安机关设立警戒区域，实施交通管制，防止与救援无关的人员进入事故现场，保证交通畅通。对伤员及时进行现场急救或转送医院治疗。

（九）应急物资

应急办公室应储备必要的消防应急物资，明确专人管理，指定存放地点，应急物资的数量、种类应满足应急处理的需要，并定期进行更新和补充。

（十）装备保障

严格落实安全组织措施和安全技术措施，投入必要的资金，根据建筑的防火特点，配备防护用品和应急救援装备。公司各部门应根据消防工作有关规定和要求，根据建筑类型、防火等级，配备足够的合格的消防器材。做好消防设施、器材的日常维护管理，确保消防器材设施完好率 100%。及时消除各类消防隐患，保障消防基础自防自救设施始终处于完好状态。

第九节 生态环境保护应急管理

一、应急组织体系

企业应建立突发环境事件应急组织机构。应急组织机构由应急指挥部和应急工作支持部门等构成，同时根据应急工作实际需要，借助地方政府、邻近企业和社区的力量。

二、应急预案

企业应根据规模、组织体系、环境风险状况、应急资源状况等，编制突发环境事件应急预案。环境应急预案包括综合环境应急预案、专项环境应急预案和现场处置预案。预案类型和内容见表 7－2。

表 7－2 预案类型和内容

预案类型	主要内容	典型预案
综合环境应急预案	（1）企业基本情况。 （2）环境风险辨识。 （3）应急组织机构及职责。 （4）预案体系及响应程序。 （5）事件预防及应急保障。 （6）应急培训及预案演练	《突发环境事件综合应急预案》
专项环境应急预案	（1）危险性分析。 （2）可能发生的事件特征。 （3）主要污染物种类。 （4）应急组织机构与职责。 （5）预防措施。 （6）应急处置程序和应急保障等	《烟气排放超标现场应急预案》 《危险化学品事故应急预案》
现场处置预案	（1）危险性分析。 （2）可能发生的事件特征。 （3）应急处置程序。 （4）应急处置要点和注意事项等	《跑酸碱现场处置方案》 《跑油现场处置方案》 《危险品泄漏现场处置方案》 《飞灰泄漏现场处置方案》 《液氨泄漏现场处置方案》 《渗滤液泄漏现场处置方案》

三、应急保障

企业应急保障应包括通信保障、应急队伍保障、应急装置保障、技术保障、医疗保障、交通运输保障、后勤保障等。典型区域环境应急保障清单见表 7－3。

表 7-3　　典型区域环境应急保障清单

存放地点	器材名称
氨区	风向标、漏氨监测仪、就地事故消防喷淋装置、固定式消防水炮、干粉灭火器、应急防护服、防护口罩、防护眼镜、防护手套、防护鞋、正压式空气呼吸器、应急灯、防爆对讲机等
油库	吸油毯、消油剂、沙子、干粉灭火器、干粉推车、泡沫推车等
酸碱区	工业服务水喷淋装置、洗眼器、石灰、沙子、酸碱中和液等
厂区消防站	消防车、轻便消防机动泵、重型密封防化服、正压式空气呼吸器、长管移动气源空气呼吸器、手抬机动消防泵、潜水泵等
集中控制室	正压式空气呼吸器、灭火器、应急防护服、防护口罩、防护眼镜、防护手套、应急灯、对讲机等
渗滤液区	工业服务水喷淋装置、洗眼器、应急防护服、防护口罩、防护眼镜、防护手套、防护鞋、正压式空气呼吸器、应急灯、防爆对讲机等
飞灰区	应急防护服、防护口罩、防护眼镜、防护手套、防护鞋、应急灯等

第八章　监 督 机 制 建 设

安全生产管理在明确责任、健全制度、规范流程后，关键还要抓好落实，建立监督追责机制，确保生产安全可控。

第一节　约　谈

对于事故频发、管理混乱、隐患较多或风险较大的单位，应对其主要负责人和相关领导进行约谈。安全生产约谈制是指对未履行或未全面正确履行安全生产职责，或未按时完成安全生产重要工作任务的单位领导进行的问责约谈。其目的是防患于未然。

一、约谈事项

存在以下安全生产情况的，对责任单位安全生产第一责任人或分管安全生产责任人进行约谈。

（1）贯彻安全生产法律法规以及上级安全要求不力的。

（2）安全生产机构、人员配备不能满足国家安全生产法律法规和上级有关规定要求的。

（3）发生生产人身死亡事故或较大以上设备事故的。

（4）安全生产长期不稳定、事故频发的，管理混乱、隐患较多的，上级督办的重大隐患和整改问题在规定时限内未解决，现场安全管理不到位、不规范的。

（5）安全风险控制评估、重大危险源评估以及安全生产专项检查反映出不履行安全生产责任、安全生产风险高、易诱发事故发生的。

（6）安全生产隐患排查治理工作未形成长效机制，重大隐患未得到消除或有效控制的。

（7）基建单位安全生产管理体系不健全，现场安全文明施工混乱，基建安全问题突出，安全管理责任制不落实的。

（8）应急管理机制不健全，应急预案存在严重缺陷并未按要求整改的，同类安健环事故事件重复发生的。

二、约谈程序

（1）一般由安委会提出建议，由公司领导主持。

（2）约谈会议通知。约谈前，由相关职能部门书面通知被约谈人，告知约谈时间、地点和约谈内容。被约谈人应按时参加约谈。

（3）参加约谈会议人员。参加约谈会议人员包括公司安全监督部门、生产管理部门相关人员。

（4）约谈会议形式与组织。约谈以座谈会议的形式进行，由安委会办公室组织。

（5）约谈会议程序。

1）约谈主持人向被约谈人指出其安全生产工作中存在的主要问题。

2）被约谈人对安全生产工作中履行职责情况、存在的主要问题的原因以及措施进行汇报说明。

3）约谈主持人或约谈小组成员就有关情况提出询问，被约谈人如实答复。

4）约谈主持人或约谈小组成员针对具体问题向被约谈人提出整改意见和要求。

5）约谈会须形成会议纪要。

第二节 督　办

对安全生产存在重大隐患或重点工作等情况，通过《安全监督通知书》、文件等形式进行督办，要求基层单位限期整改，对重大问题实行挂牌督办，保证安全生产。

一、督办原则

督办制坚持“凡事有章可循、凡事有据可查、凡事有人负责、凡事有人监督”，实行“按专业、分层次、程序化、责任制”管理。

二、督办流程

（一）立项

上级部门下达督办通知书或安全监察通知书。

（二）承办

下级单位接到督办通知书或安全生产监督通知书后，应落实整改责任领导、责任部门、责任人、整改方案和完成期限，组织整改。

（三）结案

下级单位整改后，应完成书面的“督办项目完成情况报告单”，经主管领导审核后，向下达督办通知书或安全生产监督通知书的上级部门，履行结案手续。

第三节　结　　案

对安全生产事故或重大隐患要履行结案程序，建立发现问题、解决问题、责任追究、持续改进的安全生产闭环管理机制。

一、结案原则

按“四不放过”的原则，对事故或重大隐患要“按专业、分层次、程序化、责任制”履行结案程序，查清问题原因，总结经验教训，制定防范措施，防止重复发生，实现闭环管理。

二、结案条件

（一）事故结案条件

（1）事故原因已查清、整改措施已落实（或已制定整改计划）、责任人员已处理、应受教育者已受到教育。

（2）有正式的事故报告，需经地方批复的应取得批复手续。

（二）重大隐患结案条件

（1）隐患已整改完成。

（2）已制定整改计划，按计划整改并制定了防范措施。

三、结束程序

具备结案条件的，由责任单位向上级单位上报结案请示，并附带完整的结案报告，逐级履行结案程序。

第九章　生态环境保护和职业健康管理体系建设

第一节　生态环境保护方针及目标

一、生态环境保护方针

中国生态环境保护工作方针是全面规划，合理布局，综合利用，化害为利，依靠群众，大家动手，保护环境，造福人民。垃圾发电企业应坚持“污染预防、过程控制、节能减排、自证守法”的生态环境保护方针，结合企业自身情况加强管理。

（1）污染预防：通过设计、策划及各种管理手段，预防和控制污染物的产生，减少污染治理成本，实现企业可持续发展。

（2）过程控制：建立贯穿企业生产全过程的生态环境保护管理体系，构建生态环境保护长效机制，实现从立项、环评、建设、验收到生产全过程的控制和监管。

（3）节能减排：在全方位做好污染物减排的基础上，依靠科技创新减少能源的消耗量，并提高资源综合利用。

（4）自证守法：落实主体责任，按证排污。通过自行监测和信息公开，自行监督、持续改进，保证企业生态环境保护行为合规守法。

垃圾发电企业应利用公众参观、会议、宣传栏、生态环境保护知识科普等宣传方式，对本企业员工、社会公众及外包单位员工进行生态环境保护方针宣贯。原则上每年对生态环境保护方针进行评审并修订发布，也可根据实际情况进行评审和修订。方针的内容应结合国家中长期规划要求、地方政府相关要求和行业生态环境保护先进水平，动态调整生态环境保护承诺。

二、生态环境保护目标

企业应根据国家、地方政府生态环境保护政策要求，按照上级的生态环境保护规划和年度目标，制定本企业的年度目标及管控措施。应于每年年初（或在上级单位年度生态环境保护目标和计划发布后），制定年度生态环境保护目标，经主要负责人审批后发文公布。

（一）编制内容

年度生态环境保护目标中应包括但不限于以下指标。

（1）生态环境保护风险管理目标。

（2）污染物达标排放率。

（3）二氧化硫、氮氧化物、颗粒物年度排放量及排放绩效。

（4）固体废物安全储存、处置率。

（5）CEMS 监测有效率。

（6）排放数据上传标记合格率。

（二）目标实施

（1）企业与各部门签订的年度目标责任书，明确各部门生态环境保护目标和责任。

（2）各部门与班组（值）签订的年度目标责任书，明确班组（值）和员工生态环境保护职责。

（3）企业、各部门及班组（值）应根据生态环境保护目标，分别确定年度重点工作，制定相应管控措施。

（三）检查与考核

（1）各部门每月应对生态环境保护规划及目标的落实情况进行自查，并将结果上报生态环境保护归口管理部门。

（2）生态环境保护归口管理部门对规划目标完成情况进行定期监督抽查。对未能如期完成的目标，在生态环境保护委员会会议上进行通报。相关责任部门应重新制定推进计划和措施。

（3）企业应制定生态环境保护规划及目标评价和考核办法，并将其纳入生产绩效及目标责任制中一并考核。

（4）对在规定期限内无法完成的项目，生态环境保护归口管理部门应对责任部门进行考核，并责令整改。

第二节　生态环境保护基础管理

一、生态环境保护基础知识

（一）生态环境保护管理

企业应依法建立生态环境保护组织机构和制度体系，实现生态环境保护管理的专业化、规范化、标准化，并持续改进，促使企业更好地落实生态环境保护主体责任，确保程序合法、依法排污、自证守法。

（二）生态环境保护基础设施

垃圾发电企业为满足生态环境保护要求，建设和运行所必需的设备、设施和服务系统。如渗滤液处理、烟气脱硝、飞灰固化等。

（三）环境影响评价

对规划和建设项目实施后可能造成的生态环境影响进行分析、预测和评估，提出预防或者减轻不良生态环境影响的对策和措施。

（四）环境保护“三同时”

环境保护“三同时”是指一切新建、改建、扩建的建设项目、技术改造工程项目、自然开发项目中，水土保持、防治污染和其他保护生态环境设施，必须与主体工程同时设计、同时施工、同时投入使用。

企业新建、改建、扩建的工程建设项目和技术改造，按照《建设项目环境影响评价分类管理名录》的规定，对环境可能产生危害的建设项目，组织开展环境影响评价、环境保护和水土保持监测设施验收等工作，遵循生态环境保护“三同时”制度。对需要编制的项目，企业应委托有资质的单位编制报告书或报告表，报送生态环境保护行政主管部门审查，并获取相应的批准文件。需登记备案的，应做好备案。

（五）环境保护验收

建设项目竣工后，企业按照国家《建设项目竣工环境保护验收暂行办法》规定的程序和标准，组织对配套建设的环境保护、水土保持设施进行验收，编制验收报告，公开相关信息，接受社会监督。

（六）排污许可证

排污许可证是指排污单位向环境保护行政主管部门提出申请后环境保护行政主管部门经审查发放允许排污单位排放一定数量污染物的凭证。

应根据国家及地方的排污许可法规、政策、标准以及上级单位有关规定进行排污许可管理，建立健全本企业排污许可证管理体系，明确职责分工，应组织制定并实施排污许可年度工作计划。应及时申领、变更、延续排污许可证，落实排污许可证各项管理要求。应完成生态环境保护部门及上级公司下达的排污许可专项工作。

在排污许可证有效期内，企业因政策变化或发展经营需要改变许可内容，如重要基本信息发生变更；或出现其他政策规定的变更情形，由责任部门提出，经专题会议讨论决定。生态环境保护归口管理部门在规定时间内向核发部门提出变更排污许可证的申请。

企业应落实生态环境保护全过程管理要求，确保污染物的排放方式、浓度、总量满足许可要求，严禁超标排放或超总量排放。应根据国家和上级单位自行监测规范要求，结合自身实际情况，自行或委托有资质的第三方监测机构开展自行监测工作。企业应按照排污许可证中关于台账记录的要求，做好环境管理台账记录，保存期限不少于 5 年。

（七）清洁生产审核

按照一定程序，对企业现行的生产和服务过程中节能设计及清洁生产方案进行调查和诊断，找出能耗高、物耗高、污染重的原因，提出减少有毒有害物料的使用、产生，降低能耗、物耗以及废物产生的方案。

（八）环境应急管理

对在生产、经营、储存、运输、使用过程中发生的爆炸、燃烧、泄漏及非正常排放等引发的突发环境事件进行实时监控和预警，防止突发环境污染事件的发生。在事件发生后及时进行处理，将事故损失和社会危害减小到最低程度。

企业应自行或委托专业机构编制环境应急预案。环境应急预案编制完成后，组织评估小组对环境应急预案进行评估。评估小组人员包括环境应急预案涉及部门的应急管理人员，相关行业协会、相邻重点风险源单位代表，周边社区（乡、镇）代表，应急管理和专业技术方面的专家。预案通过评估后，由企业主要负责人签署发布并实施。生态环境保护归口管理部门负责到地方生态环境保护部门对应急预案进行备案。

（九）自行监测

自行监测是指企业为掌握本单位的污染物排放状况及其对周围生态环境质量的影响等情况，按照相关法律法规和技术规范组织开展的环境监测活动。

（十）信息公开

为充分落实企业主体责任，企业自行监测信息在通过地方信息平台发布的同时，还需以电子屏形式进行信息发布，确保企业自行监测信息及时、全面地公开。

（十一）无组织排放

无组织排放指大气污染物不通过烟筒或者烟筒低于 15m 的无规则排放。

（十二）固体废物

未被列入《国家危险废物名录》或者根据 GB 5085《危险废物鉴别标准》（所有部分）、GB 5086.1《固体废物　浸出毒性浸出方法　翻转法》及 HJ/T 299《固体废物　浸出毒性浸出方法　硫酸硝酸法》、HJ 298《危险废物鉴别技术规范》判定不具有危险特性的工业固体废物。

（十三）CEMS

CEMS 是指对固定污染源排放的污染物进行连续地、实时地跟踪测定的系统。

垃圾发电企业应落实企业生态环境保护主体责任，建立生态环境保护管理体系，加强生态环境保护风险管控，全面提升生态环境保护管理水平，防止生态环境事件发生。应采用 PDCA 动态循环模式，结合企业自身特点，通过自我检查、纠正和完善，构建生态环境保护管理长效机制，持续提升生态环境保护管理水平。

（十四）生态环境保护标识、标牌

企业应按照 GB 15562.1《环境保护图形标志　排放口（源）》、GB 15562.2《环境保护图形标志　固体废物贮存（处置）场》的规定，设置相应的环境保护图形标志牌。

生态环境保护设施对应部门应定期对生态环境保护标识标牌进行检查，发现有破损、变形、变色、图形符号脱落、亮度老化等影响使用的问题时应及时修整或更换。生态环境保护归口管理部门至少每半年一次对现场标识标牌进行检查，检查结果列入缺陷管理系统，并纳入安全文明生产考核，责令整改。

二、生态环境保护管理组织机构、人员配置及职责

垃圾发电企业应建立健全生态环境保护组织机构，配置管理人员，明确组织结构和人员

职责。

（一）生态环境保护委员会

垃圾发电企业应成立以主要负责人为领导的生态环境保护委员会，明确机构组成和职责，建立健全工作制度和例会制度。生态环境保护委员会应由主任、副主任、成员组成。主任应由主要负责人担任，副主任由主管生产的副总经理担任，成员由各部门负责人和长期外包单位负责人组成。生态环境保护委员会职责如下。

（1）研究、审议企业生态环境保护发展战略、方针、规划及投入。

（2）讨论、审议企业重大生态环境保护科技和技改项目。

（3）协调企业对外及各部门之间生态环境保护重大事项。

（4）指导和监督生态环境保护的日常工作。

（二）三级生态环境保护监督网络

垃圾发电企业应按照法律法规和上级要求，建立涵盖外包单位在内的公司、部门、班组（值）三级生态环境保护监督网络，明确三级生态环境保护监督网络的组成和职责，建立健全例会制度和工作制度。三级生态环境保护监督网络应由企业生态环境保护归口管理部门监督人员、部门（含外包单位）生态环境保护监督员、班组（值）（含外包单位）生态环境保护监督员组成。

1. 公司生态环境保护监督员职责

（1）定期组织网络人员召开生态环境保护监督网络会议，分析企业生态环境保护存在的问题，提出改进措施。

（2）监督和检查企业各部门生态环境保护责任的落实情况，提出奖惩考核意见。

（3）组织开展企业生态环境保护专项检查，组织进行生态环境保护专项培训。

（4）组织并参加全厂性的突发环境事件应急演练，对演练实施情况进行监督和评价。

2. 部门生态环境保护监督员职责

（1）参加生态环境保护监督网络会议，传达和落实会议精神。

（2）定期对各班组（值）生态环境保护工作开展情况进行检查，对各项整改措施进行督促落实。

（3）参与本部门生态环境保护工作计划和目标的制定，编写生态环境保护工作总结。

（4）参加部门生态环境保护应急预案演练，对演练实施情况进行监督和评价。

（5）对班组（值）生态环境保护工作开展情况提出奖惩考核意见。

3. 班组（值）生态环境保护监督员职责

（1）对班组（值）生态环境保护工作的开展情况进行检查，及时发现存在的问题。

（2）监督本班组（值）对生态环境保护监督网络下达的各项工作落实的情况。

（3）编写班组（值）生态环境保护相关台账。

（4）组织开展本班组（值）生态环境保护培训。

4. 生态环境保护归口管理部门职责

（1）执行国家、行业、上级和子分公司有关生态环境保护的各项法律、法规、政策和标准。

（2）制定生态环境保护相关工作规划、计划，并监督实施。

（3）制定和完善生态环境保护相关管理制度。

（4）建立生态环境保护监督管理体系，监督各相关部门（场、站）开展生态环境保护工作。

（5）执行环境影响评价制度，落实建设项目“三同时”管理规定。

（6）执行排污许可制度，按要求开展自行监测和信息公开工作。

（7）组织开展生态环境保护宣传活动和专业知识培训。

（8）负责生态环境保护迎检及对外联系和协调工作。

（9）组织编制企业突发环境事件应急预案并定期开展演练。

（10）负责生态环境保护专项资金补助的申请工作。

（11）做好企业环境保护税统计和核算工作。

（12）负责各类环境统计报表的编制和上报。

（三）生态环境保护人员配置

企业生态环境保护归口管理部门应明确分管生态环境保护的部门领导和生态环境保护管理人员。各生产部门应明确分管生态环境保护的部门领导，并根据实际需要配置兼职的生态环境保护设施运行、检修等技术管理人员。厂内危险废物库、飞灰库需设专人管理。厂内化验室需设置专人管理（可兼职），下设至少一名生态环境保护化验员（可兼职）。各班组（值）需配备生态环境保护监督员（可兼职）。

垃圾发电企业应设置三级生态环境保护监督网络，第一级为厂级管理人员，由生态环境保护归口管理部门监督人员担任。第二级为部门级管理人员，由部门兼职生态环境保护监督人员担任。第三级为班组（值）级管理人员，由班组（值）兼职生态环境保护监督人员担任。

企业生态环境保护设施委托第三方运维的，应对外包单位提出明确的人员配置要求，确保日常运维工作正常开展。应根据人员岗位变动及其他情况，每年更新公布生态环境保护三级网络成员名单。

三、生态环境保护管理台账

企业应建立生态环境保护台账，落实责任部门和责任人，明确工作职责，并对台账的真实性、完整性和规范性负责。对外报表应由生态环境保护归口管理部门负责人审核，并经企业领导批准。

（一）基础台账管理清单

台账分为纸质台账和电子台账两种。由专人管理，保存时间原则上不低于 5 年。台账应包括基础管理类、监测报告类、日常运维类以及需上报的各类环境统计报表等，台账内容应包括烟气排放（废水、噪声）监测台账，石灰、尿素、活性炭入厂检验台账，CEMS 检修记录，环境保护设施运行维护记录等。基层管理台账清单见表 9－1。

表 9-1 基层管理台账清单

序号	名称	序号	名称
1	企业排污许可证	11	生态环境保护设施运行、维护、检修台账
2	环境监察记录	12	CEMS 校准、标定、检修记录
3	生态环境保护会议纪要	13	石灰、活性炭、氨（尿素）消耗记录
4	危险废物管理台账	14	主要污染物排放数据月报
5	废水、噪声、废气自行监测报告	15	生态环境保护月报
6	污染物监督性监测报告	16	各类环境保护设施维护台账
7	周边环境质量影响自行监测报告	17	各类环境保护设施运行记录
8	生态环境保护设施性能试验报告	18	超标排放统计台账
9	脱硝催化剂性能试验报告	19	迎检专项台账
10	石灰、活性炭、氨（尿素）品质检测报告	20	其他生态环境保护台账

（二）生态环境保护奖惩

（1）企业应制定生态环境保护奖惩制度，制定考核标准。

（2）企业生态环境保护奖惩应结合以下情况（不限于）：生态环境保护指标和目标的完成情况、生态环境保护异常事件、生态环境保护评价的得分情况等。

（3）企业应对生态环境保护责任落实不到位者、各类生态环境保护事件责任者、生态环境保护风险评估和预控不到位者进行考核，同时连带考核相关责任领导和其他人员。

（4）企业应对在生态环境保护工作中做出突出贡献的部门和人员进行奖励。

（三）生态环境保护信息管理

垃圾发电企业应根据地方生态环境保护部门的要求建立外部信息平台，对生态环境保护主要设施工艺、污染物排放情况及月度、季度自行监测等内容进行信息公开。公开内容包括电子显示屏（企业门口）等。

生态环境保护归口管理部门应定期对电子显示屏进行检查，发现显示屏故障或数据显示错误，立即联系相关部门进行维修。生态环境保护归口管理部门应在信息公开内容发生变化时，及时更新显示屏内容。

应认识到外部信息沟通的重要性，外部信息交流、沟通应做到：

（1）企业与外部信息交流的总要求：信息准确、分析精准、接送及时、流程合理。

（2）企业应按照外部生态环境保护信息的要求进行反馈，生态环境保护监督管理部门应监督执行。

（3）企业生态环境保护归口管理部门应及时从外部生态环境保护信息网站平台上获取信息，并及时传达到班组（值），作为班组（值）生态环境保护学习培训内容，并组织相关部门及时落实生态环境保护信息的各项要求。

（4）外部生态环境保护信息发至企业的，应立即流转，各级相关人员应及时审阅、批复意见，承办及协办部门应及时组织学习并落实外部生态环境保护信息的各项要求。

（5）企业对外公开信息需经生态环境保护归口管理部门审核，生产副总经理批准，必要时汇报上级单位。

四、生态环境保护监测、监督和检查

（一）监测类型

企业生态环境保护监测按类型一般可分为日常监测、自行监测、监督性监测和飞行监测等。

（1）日常监测指企业根据行业规范要求，利用生态环境保护实验室对原辅料（活性炭、石灰石等）品质、末端产物（灰、渣、废水等）成分以及生态环境保护处理设施生产工艺过程中运行和处理效果（各类废排水指标等）进行监测，便于技术人员通过趋势分析，及早发现异常并处理。

（2）自行监测指企业根据排污许可证要求，结合最新监测方案，根据自身条件，自行或委托其他有资质的监测机构开展的监测工作。自行监测内容包括有组织废气排放、噪声等，频次可根据当地政府主管部门的要求进行。

（3）监督性监测指生态环境保护部门定期对企业污染物（废气、废水、厂界噪声等）排放状况开展的环境监测活动，其监测数据是生态环境保护部门开展环境执法和环境管理的重要依据。

（4）飞行监测指生态环境保护部门事先不通知被检查企业，直接进入生产现场对总排口污染物排放浓度、烟气排放口污染物排放浓度实施的现场抽检。

（二）监测评价

生态环境保护归口管理部门每月组织对监测报告进行分析和评价，并将评价结果上报生产副总经理审核。

当日常监测和自行监测指标出现异常时，监测人员应及时向生态环境保护归口管理部门和责任部门通报，生态环境保护归口管理部门应督促责任部门立即对异常原因进行分析并采取措施，尽快使指标恢复正常。如在规定期限内仍未恢复，按“定人员，定时间，定责任，定标准，定措施”的五定原则，制定整改措施，直至恢复正常。

监督性监测和飞行监测指标出现异常时，企业应立即组织对异常原因进行分析并整改，相关分析结果和处理情况经生产副总经理审核后，应第一时间向生态环境保护部门反馈，积极沟通，尽可能避免对企业造成不良后果。如已对企业造成不良后果，企业应根据相关生态环境保护考核机制对责任部门予以考核。

（三）监督和检查

企业生产部门［班组（值）］应每月进行自查，自查应以表格形式记录检查结果。对自查发现的问题，部门［班组（值）］应立即组织整改。部门应每月将自查情况和问题处理情况报送至生态环境保护归口管理部门。企业生态环境保护监督人员应每月至少督查一次。督查内容包括制度执行情况、自行监测情况、台账管理情况、环境保护设施运行维护情况和清洁生产情况等。

（四）监督要求

（1）企业各级生态环境保护监督人员应每日查看生态环境保护部门数据平台、集团生态环境保护在线监测数据平台、生态环境保护设施 DCS 系统、生态环境保护视频监控系统。

（2）发现对外生态环境保护数据传输故障时，应立即通知责任部门消除缺陷，并将异常和处理情况以书面形式汇报当地生态环境保护部门。

（3）发现集团生态环境在线监测平台数据异常、传输故障时，应及时通知责任部门消除缺陷，如数据传输故障的应在 24h 内完成数据补传。

（4）发现生态环境保护设施运行有异常变化趋势时，督促运行人员调整运行方式，尽快恢复正常。如确认是设备问题，应督促检修人员尽快消除缺陷。

（5）发现烟囱冒黑烟、烟气排放超标、废水排口异常、飞灰系统作业引起扬尘、渗滤液泄漏等情况，应立即通知相关人员，查明原因，并采取措施，尽快恢复正常。

五、生态环境保护管理制度

（一）管理制度建立

企业应建立健全生态环境保护管理制度，完善组织机构和职责，制定实施细则、规程、图册等，使生态环境保护工作标准化、流程化。典型生态环境保护管理制度清单见表 9－2。

表 9－2　　典型生态环境保护管理制度清单

序号	管理制度名称	序号	管理制度名称
1	生态环境保护工作管理办法	6	脱硝、脱硫、除尘等生态环境保护设施设备管理、运行管理和检修管理制度
2	危险废物管理实施细则	7	防止重大环境污染事故实施细则
3	一般固体废物管理办法	8	生态环境保护设施异常工况应急管理规定
4	生态环境保护应急管理制度	9	生态环境保护设备停复役管理办法
5	烟气连续监测系统运行维护管理规定	10	生态环境保护奖惩考核细则

（二）制度管控要求

企业应根据国家法律法规、行业标准、上级制度、组织机构变化情况，每 3～5 年修订生态环境保护管理制度，每年公布企业最新有效生态环境保护管理制度清单。企业应根据人员岗位变动及其他情况，每年更新公布生态环境保护三级网络成员名单。

第三节　舆　情　管　控

一、舆情分类及来源

舆情分为一般舆情和较大及以上舆情。一般舆情是指个别投诉或影响范围在本地区或县级市区范围内，由企业向地方生态环境保护部门和公众进行公开澄清或说明后，即可有效控制的情况。较大及以上舆情是指集体投诉或处理过程中事态扩大，需要向省、市级以上生态环境保护部门和公众进行公开澄清或说明的情况。

舆情来源包括突发环境事件引起的重大环境污染，如生态环境保护设施故障引起废水、废气、粉尘等排放数据严重超标，火灾引起黑烟等；一般环境污染引起的公众生态环境保护投诉，如烟囱冒黑烟、厂界噪声超标等。

舆情的形式包括生态环境保护投诉、群众信访、网络传播、新闻媒体曝光等。

二、舆情控制

企业应根据上级单位要求，结合地方环境和实际情况，制定舆情的预警、收集、分析、响应、公关等管理机制。舆情控制原则为源头分析、分级响应、逐级汇报、信息公开、控制事态、正确导向。

舆情控制工作应在企业党政负责人的领导下组织开展，由综合管理部（党委办公室）归口管理，相关业务部门配合。

三、舆情预警与分析

企业按照“早发现、早报告、早处置”的原则，开展舆情的监视和预测。责任部门应通过舆情分析，了解所管理范围内可能发生的突发环境事件的信息，并向责任部门报告。责任部门对企业的舆情进行跟踪监测，提出相应的预警建议。

企业收到舆情监测信息后，组织相关部门进行资料收集、分析研判、事前风险评估，企业相关部门将舆情监测信息的分析结果，及时上报综合管理部。

四、预警发布

综合管理部根据预测分析的情况，对可能引发的舆情事件进行预警。预警级别根据突发环境事件的危害程度、紧急程度和发展势态，可划分为二级：Ⅰ级预警（针对较大及以上舆情）及Ⅱ级预警（针对一般舆情），并按实际进展的情况进行升级、降级或解除。综合管理部根据突发事件响应级别，确定预警发布范围和途径。Ⅱ级发布范围为上级单位；Ⅰ级发布范围除了向上级单位进行汇报外，还应向上级和当地政府部门进行上报。

五、舆情处置

（1）一般舆情。综合管理部作为主要责任部门，全面负责一般舆情的跟踪和控制工作。企业应随时掌握事态发展的状况，组织研究减少负面影响的对策，并制定应对措施。

（2）较大及以上舆情。企业应成立以党政主要领导为组长的舆情应急处置小组，全面负责较大及以上舆情的控制工作。

六、舆情发布

综合管理部经企业党政主要负责人批准，授权做好有关事件的文字、图片、音像和影视资料的采写、拍摄、收集等工作。舆情发布前应拟定发布方案，并经企业党政主要负责人审核批准。应由新闻发言人发布对外信息，其他任何部门及个人不得擅自发布。

舆情发布内容包括事件发生时间、发生地点、污染范围、污染物浓度、污染物排放数量、潜在的污染风险、伤亡人数、污染的原因、已采取的处理措施及处理方法。

舆情发布形式包括企业对外门户网站、电视、媒体信息通报会。

第四节 生态环境保护风险评价及控制

一、生态环境因素辨识

企业应采用科学系统的环境风险预控管理方法，从污染物种类、作业方式等方面，全面系统地辨识生态环境因素。垃圾发电企业典型生产工艺和产污点简图如图 9－1 所示。

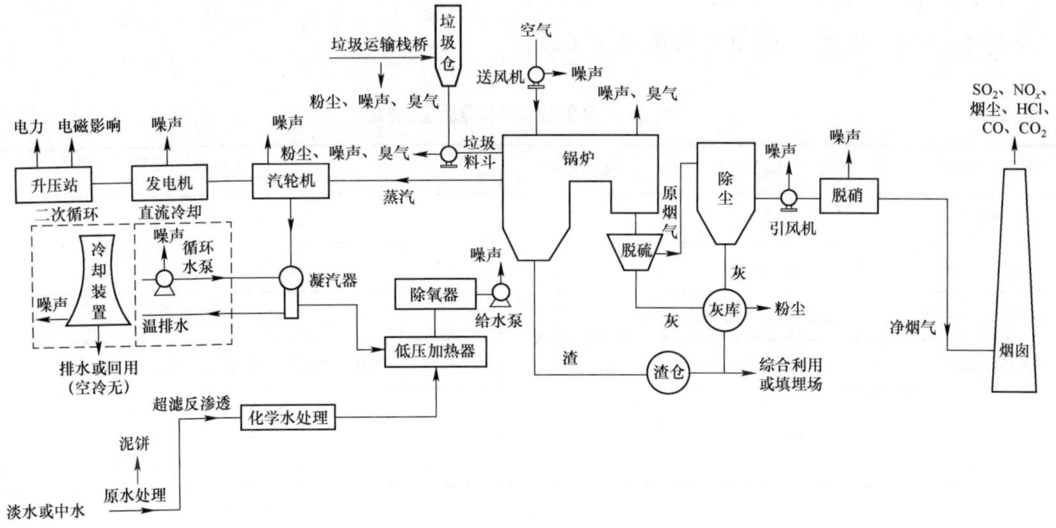

图 9－1 垃圾发电企业典型生产工艺和产污点简图

生态环境因素应涵盖对环境造成影响的各个方面，包括大气、噪声、废物、热污染、原材料、能源使用、法律法规合规性、地理生态环境及其他环境问题等。生态环境因素辨识的范围应覆盖本企业所有作业活动及相关发电生产工艺全过程，同时考虑正常、异常和紧急三种状态，以及过去、现在和将来三种时态。

垃圾发电企业根据污染物种类的不同，可划分为大气污染物、水污染物、噪声污染、固体废物等，具体排放形式可分为有组织排放和无组织排放、连续排放和间断排放等。大气污染物典型生态环境因素清单见表 9－3。

表 9-3　　大气污染物典型生态环境因素清单

生产设施	生态环境因素	排放形式	污染因子
焚烧炉	烟气排放	有组织	颗粒物
			烟气黑度
			二氧化硫
			氮氧化物
			一氧化碳
			氯化氢
			二噁英
垃圾仓	装卸、存储废气排放	有组织	臭气、颗粒物
煤仓	装卸、存储系统无组织排放	无组织	颗粒物
灰仓、石灰仓、活性炭仓	装卸、存储系统无组织排放	无组织	颗粒物
燃油罐	装卸、存储系统无组织排放	无组织	非甲烷总烃
液氨罐、氨水罐	装卸、存储系统无组织排放	无组织	氨

水污染物典型生态环境因素清单见表 9-4。

表 9-4　　水污染物典型生态环境因素清单

生产设施	生态环境因素	排放形式	污染因子
余热锅炉	锅炉排污水	经常性废水	pH、悬浮物、氨氮
除盐水系统	再生排水		pH、悬浮物、氨氮
化学预处理系统	过滤器反洗排水		pH、悬浮物
循环冷却水	冷却塔排污水		pH、COD（化学需氧量）、总磷
机组	机组跑、冒、滴、漏		pH、油
生活水、渗滤液	排水和收集		pH、悬浮物、COD、BOD_5（5 日生化需要量）、氨氮、总磷

噪声污染典型生态环境因素清单见表 9-5。

表 9-5　　噪声污染典型生态环境因素清单

生产设施	生态环境因素	排放形式	污染因子
汽轮机	设备运行	连续	噪声
锅炉			
发动机			
风机			
循环冷却水塔			

固体废弃物典型生态环境因素清单见表9-6。

表9-6 固体废弃物典型生态环境因素清单

生产设施	生态环境因素	排放形式	污染因子
焚烧炉	排渣、飞灰收集	连续	固体废物、危险废物
水处理系统	污泥排放		
脱硝系统	催化剂更换	间断	危险废物
设备检修	废机油更换		含油危险废物

典型作业生态环境因素清单见表9-7。

表9-7 典型作业生态环境因素清单

作业类型	生态环境因素	主要污染物	环境影响
焚烧炉运行	烟气排放	二氧化硫、氮氧化物、粉尘	大气污染
锅炉清灰	粉尘排放、噪声	粉尘、噪声	大气污染、噪声污染
飞灰装卸	粉尘排放	粉尘	大气污染
焊接作业	产生电弧	紫外线	辐射污染
易耗品更换	墨盒、灯具更换	危险废弃物	环境污染
脱硝催化剂更换	扬尘和危险废弃物	危险废弃物	大气污染
灰库放灰	扬尘和危险废弃物	粉尘	大气污染
活性炭、石灰装卸	扬尘	粉尘	大气污染
渗滤液处理、垃圾仓	臭气外溢	臭气	大气污染
清淤作业	污水、污泥外排	污水、污泥	水污染
保温作业	粉尘排放	岩棉粉尘	大气污染
灰渣运输	漏灰渣	飞灰	大气、土壤污染
危险化学品接卸、存储、使用	危险化学品泄漏	酸、碱、氨	大气、土壤、水污染

二、生态环境风险评价

生态环境因素分为一般环境因素和重要环境因素两类。垃圾发电企业应根据合法合规性、风险管控程度、潜在的环境影响等，对环境风险进行分析和评价，形成重要环境因素清单。企业应将重要环境因素作为环境风险控制工作的重点。

可采用是非法和综合打分法进行环境风险评价。凡符合下列条件之一，即判断为重要环境因素。

1. 是非法

（1）法律法规或地方政府明令禁止或限制使用以及限期替代使用的物质（如氟利昂、石棉等）。

（2）违反国家或地方环境法律、法规及标准要求的环境因素（如超标排放污染物、水耗电耗指标高、烟气排放不达标等）。

（3）生产活动中产生的废弃物属于《国家危险废弃物名录》中所列的物质（如脱硝使用后的废催化剂、废蓄电池、废日光灯管等）。

（4）异常或紧急状态下，可能产生严重环境影响（如危险化学品意外泄漏、火灾或生态环境保护设备故障造成的异常排放等）。

（5）相关方有合理投诉或对相关方能施加影响且环境影响严重的（如烟囱冒黑烟、厂界噪声超标等）。

2. 综合打分法（FEAST 法）

根据 F（发生频率）、E（影响范围）、A（公众关注度）、S（应急处理难度）、T（持续时间）分值相加，得分在 15 分以上的环境因素。综合打分评价法见表 9－8。

表 9－8　　综合打分评价法列表

评价因子及评分标准		分值
F	持续发生	5
	经常发生	3
	偶尔发生	1
E	超出本地区	5
	周围地区	3
	厂界内	1
A	严重	5
	一般	3
	轻微	1
S	需求助企业外单位处理	5
	企业内可协同处理	3
	作业部门可完成处理	1
T	24h 以上	5
	24h 以内	3
	1h 以内	1

三、生态环境风险控制策划

企业应根据生态环境风险评价的结果及实际的生产经营状况，确定一般和重大两个等级的环境风险，实行分级管控。重大环境风险（对应重要环境因素）由企业级层面进行风险策划，一般环境风险由部门和班组（值）进行风险策划。

企业可通过源头控制、过程控制、末端治理三个方面对环境风险进行控制策划，措施的制定应满足生态环境保护法规和其他要求。

（一）源头控制

（1）从立项开始，选择具有前瞻性的、先进的技术路线和清洁生产工艺。

（2）对现有的环境风险源进行技术改造，完善工艺流程，降低环境风险影响。停止使用国家明令禁止的和危害程度较大的物质，采用无害或危害性较低的物质，减少因危害物质泄漏对环境的不利影响。

（二）过程控制

（1）生产过程中，通过合理调整运行方式，降低污染物超标排放的风险。

（2）对污染物进行分类处理和循环利用，减少污染物排放的数量。

（3）对检修等施工作业过程中的风险，应加强作业前的环境风险评估，编制作业标准。

（三）末端治理

（1）优化运行，加强调控、设施维护，发挥生态环境保护设施最大效能。

（2）对灰渣等一般固体废物进行合规储存和处置，提高综合利用率。

（3）对工业废水进行综合治理，实现废水零排放。

（4）对生产过程中产生的危险废物进行合规储存和处置利用。

四、风险评价的公示

企业应将生态环境因素清单及风险评价结果，以文件形式进行公布，确保从业人员熟悉企业生态环境因素分布情况，掌握风险防控措施。

（一）持续的风险评价

企业应每年对环境风险进行评价，保持风险评价工作常态化。当发生以下情况时应及时更新重要环境因素清单。

（1）法律、法规、标准、上级要求。

（2）生态环境保护方针发生调整。

（3）管理评审、内部自查评、外部验评要求。

（4）反事故措施要求。

（5）引进新技术、新工艺、新设备。

（6）其他需要更新的情况。

（二）法律法规合规性风险

企业应建立识别、获取和使用生态环境保护法律法规、标准规范的管理制度，明确主管部门及职责，确定获取的渠道、方式，保证法律法规及标准规范的适用性和有效性。

1. 获取渠道

（1）生态环境保护部门、行业协会、上级单位通告、通知等。

（2）网络查询。

（3）新闻媒体报道等。

2. 合规性辨识

企业应识别法律法规、标准规范的有效性、适用性，建立和公布有效、适用的法律法规、标准规范清单，见表9-9。

表9-9　有效、适用的法律法规、标准规范清单

名称	实施时间	本企业对应管理制度	使用部门
中华人民共和国大气污染防治法	2018 年 10 月 26 日	生态环境保护工作管理办法	各生产部门
GB 18485《生活垃圾焚烧污染控制标准》	2019 年 1 月 1 日	（1）生态环境保护设施异常工况应急管理规定。 （2）技术监督管理制度	生态环境保护设施运行、管理部门
⋮			

3. 合规性评价和控制

企业应根据生态环境保护法律法规清单，对现有的管理制度和标准进行评价。每年由生态环境保护和法律法规的归口管理部门审查法律法规、标准规范是否有效、适用，并对清单进行更新。应将更新后的清单下发给各部门，并通过培训讲课等形式和内部网络媒介，将法律法规传达到各级领导和相关从业人员。

企业应及时将适用的生态环境保护法律法规、标准规范的相关要求，转化为本企业的规章制度、操作规程。

第五节　污染预防与排放控制

一、大气排放控制

（1）大气污染治理设施应等同于主设备进行管理。大气污染物排放应从垃圾混配、燃烧调整、烟气脱硫、脱硝、除尘设施运维等环节进行控制，保证大气污染物达标排放。大气污染物治理设施在高效脱除单一污染物的同时，应加强协同控制，提高多污染物联合脱除的功能。

（2）大气污染物在线监测系统应可靠运行，确保送生态环境保护部门数据准确、可靠。

（3）企业应在确保污染治理设施安全运行和污染物排放达标前提下，持续优化运行方式，实现节能经济运行。

（4）加强数据上传、标记管理，尤其是机组启停和事故处理阶段。防止发生由于工作人员对数据上传、标记业务不熟练而造成的事件发生。

（5）保证石灰、活性炭等环境保护物料的品质符合要求，投放数量要满足达标排放的要求。

二、危险废物控制

（一）危险废物清单

企业应根据《国家危险废物名录》对危险废物进行识别，建立危险废物名录清单。典型危险废物名录清单见表9－10。

表9－10 典型危险废物名录清单

名称	废物类别	危险特性	废物描述
废油	废矿物油与含矿物油废物	有毒/易燃	车辆、设备维修和拆解过程中产生的各种废油
污泥/油污泥			油/水分离设施产生的废油、油泥及渗滤液，废水处理产生的浮渣和污泥
含油废物			生产、使用过程中产生的含油废物
废树脂	有机树脂类废物	有毒	废弃的离子交换树脂等
废日光灯管	含汞废物		使用过程中产生的废含汞荧光灯管
飞灰	含重金属、二噁英废物		垃圾焚烧过程中产生的废物
废催化剂			烟气脱硝过程中产生的废钒钛系催化剂
废蓄电池			废弃的铅蓄电池、镉镍电池、氧化汞电池、汞开关、荧光粉和阴极射线管
废油桶、漆桶、溶剂瓶		有毒/易燃/腐蚀	含有或沾染毒性、感染性危险废物的废弃包装物、容器、过滤吸附介质

（二）预防措施

（1）采用先进工艺减少危险废物的产生。

（2）通过循环利用、减少浪费等方法延长原料使用周期，提高资源利用率。

（三）控制措施

（1）危险废物对土壤的污染主要从收集、储存、处置、运输等方面进行控制。

（2）危险废物收集过程中做好防洒落、防泄漏措施。危险废物应及时收集，统一存放至危险废物暂存点或立即转移至危险废物储存间。严禁将危险废物随意丢弃。

（3）根据实际需要合理设置暂存点，暂存点设置警示标识，并做好防止泄漏、防雨、防火、防雷、防扬尘等相应措施。在暂存点的暂存时间不得超过一个月，暂存量不超过储存容器的2/3。不同性质的危险废物分类包装和存放，且不同类废物间有明显间隔，包装物必须完整、无泄漏。放置危险废物的容器和包装物上张贴危险废物标识。在企业危险废物储存间的储存时间不得超过一年。不具备废脱硝催化剂暂存条件的，废催化剂产生后在企业内部暂存时间不超过半个月。飞灰在装车外运时，要有防止二次扬尘措施。

（4）危险废物在处置时要确认危险废物处置单位经营资质和经营期限的有效性。处置前向地方生态环境保护部门提交申请获批后方可处置，完成转移后由处置单位提供盖章后的五联单，五联单需保存五年。

（5）危险废物运输单位及车辆应具有相应的危险废物运输资质，并符合 HJ 2025《危险废物收集、贮存、运输技术规范》等相关标准要求。车辆运送危险废物（如废油）时，应做好防雨、防溢出、防泄漏措施，并配置灭火设施。危险废物管理部门应派专人和运输单位进行安全交底，并监督危险废物在企业内部的运输过程。

（四）处置流程

危险废物要根据地方生态环境保护部门的要求按照规定的流程进行处置。

第六节　职业健康和劳动保护管理

垃圾发电企业应根据《中华人民共和国职业病防治法》《工作场所职业健康监督管理规定》等法律法规及本公司制度，加强垃圾发电企业工作场所职业健康的监督管理，预防、控制和消除职业病危害，保障从业人员健康及其相关权益。

职业健康管理应坚持“预防为主、防治结合”的方针，按照源头治理、科学防治、严格管理、依法监督的要求，标本兼治，建立健全职业健康的长效机制。同时，接受上级公司和各级政府的监督管理。

一、职业健康基础知识

（一）职业健康

职业健康也称为劳动卫生，是以职业人群的健康为目标，以健康保护和健康促进为主要内容的预防医学分支。主要任务是确认作业环境中潜在的职业病危害、阐述危害对人体如何起作用和作用的条件、提出措施办法，以及早预防和控制职业性损伤的发生，以保护员工的身体健康。

（二）职业病

职业病是指劳动者在职业活动中，接触粉尘、放射性物质和其他有毒有害物质等因素而引起的疾病。

（三）职业病危害事故

职业病危害事故是指由职业病危害因素对人体造成急慢性伤害所引起的事故。

（四）职业禁忌

职业禁忌是指劳动者从事特定职业或者接触特定职业病危害因素时，比一般职业人群更易于遭受职业病危害和罹患职业病或者可能导致原有自身疾病病情加重，或者在从事作业过程中诱发可能导致对他人生命健康构成危险的疾病的个人特殊生理或者病理状态。

（五）职业病防护设施

职业病防护设施是指以控制或者消除生产过程中产生的职业病危害因素为目的，采用通风净化系统或者采用吸除、阻隔等设施以阻止职业病危害因素对劳动者健康影响的装置和设备。

（六）职业病防护用品

职业病防护用品是指为保障劳动者在职业劳动中免受职业病危害因素对其健康的影响，对机体暴露在有职业病危害作业环境的部位，采用相应的防护用品进行防护。

二、企业职业健康管理职责

（1）按照职业健康安全方针和“管生产必须同时管安全”的原则，统筹协调职业健康管理工作，依法设置职业健康管理机构并配备专兼职职业健康管理人员。

（2）制定并督促落实职业健康管理制度、岗位职业健康操作规程，保护职工合法权益。建立健全职业病防治责任制，加强对职业病防治的管理，提高职业病防治水平。

（3）组织制定并实施公司职业病危害事故应急救援预案，及时、如实向上级主管部门和政府报告职业病危害事故，按法规要求组织或参与应急救援、事故调查处理。

（4）保证预防和治理职业病危害、工作场所卫生检测、健康监护和职业健康培训等费用投入的有效实施。

三、建设项目职业健康管理要求

（一）职业病危害申报

可能产生职业病危害的新建、改建、扩建项目和技术改造、技术引进项目，在可行性论证阶段应进行职业病危害预评价的卫生审核，职业病危害预评价报告应当报送建设项目所在地安全生产监督管理部门备案。

建设项目的职业健康预评价报告经卫生行政部门审核后，建设项目的生产规模、工艺或者职业病危害的种类、防护设施等发生变更时，应重新进行职业病危害预评价和卫生审核。

（二）建设项目职业病防护设施“三同时”管理

新建、改建、扩建项目和技术改造项目可能产生职业病危害的，建设单位应进行职业病危害预评价、职业病防护设施设计、职业病危害控制效果评价及相应的评审，组织职业病防护设施验收。

（三）评价和验收

职业病危害预评价和职业病危害控制效果评价应由依法取得资质的职业健康服务机构承担。可能产生职业病危害的新建、改建、扩建项目和技术改造、技术引进项目，应进行竣工验收的职业病危害控制效果评价及职业病防护设施的卫生验收。

四、生产过程职业健康安全措施计划

（一）职业健康安全措施计划编制的主要内容

职业健康安全措施计划编制的主要内容应包括单位或工作场所，措施名称，措施内容和目的，经费预算及其来源，负责设计、施工的单位或负责人，开工日期及竣工日期，措施执行情况及其效果。

（二）职业健康安全措施计划的范围

职业健康安全措施计划的范围应包括改善劳动条件、防止伤亡事故、预防职业病和职业中毒等内容，具体有安全技术措施、职业健康措施、房屋设计等辅助性措施和职业健康安全宣传措施等。

1. 安全技术措施

安全技术措施即预防劳动者在劳动过程中发生工伤事故的各项措施，其中包括安装防护装置、保险装置、信号装置、防爆炸设施等措施。

2. 职业健康措施

职业健康措施即预防职业病和改善职业健康环境的必要措施，其中包括防尘、防毒、防噪声、通风、照明、取暖、降温等措施。

3. 房屋设计等辅助性措施

房屋设计等辅助性措施即为保障安全技术、职业健康环境设置必需的房屋设施，其中包括更衣室、淋浴室、消毒室、妇女卫生室、厕所等。

4. 职业健康安全宣传措施

职业健康安全宣传措施即为宣传普及职业健康安全法律、法规、基本知识所需要的措施，其主要内容包括配备职业健康安全教材、图书、资料，举办职业健康安全展览和训练班等。

五、职业健康危害控制

（1）生产经营型企业除制定《职业卫生健康管理规定》外，应针对职业活动中存在的各种有害的化学、物理、生物因素以及在作业过程中产生的其他职业有害因素，制定相关岗位的职业卫生规章制度、操作规程、职业病危害事故应急救援措施和工作场所职业病危害因素检测结果，且覆盖本企业生产经营活动全过程。

（2）对存在职业病危害的工作场所，应当在醒目位置设置公告栏，同时应当在工作场所入口处及作业岗位或设备附近的醒目位置设置符合 GBZ 158—2003《工作场所职业病危害警示标识》等标准要求的警示标识。

（3）对产生严重职业病危害的作业岗位，应当按照《用人单位职业病危害告知与警示标识管理规范》（安监总厅安健〔2014〕111 号）要求，在其醒目位置设置中文警示说明和职业病危害告知卡。警示说明应当载明产生职业病危害的种类、后果、预防以及应急救治措施等。职业病危害告知卡应标明职业病危害因素名称、理化特性、健康危害、接触限值、防护措施、应急处理及急救电话、职业病危害因素检测结果及检测时间等。

符合以下条件之一，即为产生严重职业病危害的作业岗位。

1）存在矽尘或石棉粉尘的作业岗位。

2）存在“致癌”“致畸”等有害物质或者可能导致急性职业性中毒的作业岗位。

3）放射性危害作业岗位。

（4）使用有毒物品工作场所应当设置黄色区域警示线。使用高毒、剧毒物品工作场所应当设置红色区域警示线。

（5）存在职业病目录所列职业病危害因素的企业，应当及时、如实向所在地卫生健康主管部门申报职业病危害项目，并接受卫生健康主管部门的监督检查。危害申报工作实行属地分级管理。按照职责分工向其所在地设区的市级以上安全生产监督管理部门申报，作业场所职业病危害每年申报一次。

（6）应对职业病防护设备、应急救援设施进行经常性的维护、检修和保养，定期检测其性能和效果，确保其处于正常状态。不得擅自拆除或者停止使用。

（7）应当优先采用有利于防治职业病和保护从业人员健康的新技术、新工艺、新材料、新设备，不得使用国家明令禁止使用的可能产生职业病危害的设备或者材料。

（8）对可能发生急性职业损伤的有毒、有害工作场所，配置现场急救用品、冲洗设备、应急撤离通道和必要的泄险区。在可能突然泄漏或者逸出大量有害物质的密闭或者半密闭工作场所，还应当安装事故通风装置以及与事故排风系统相联锁的泄漏报警装置。

（9）存在职业病危害的企业必须为从业人员提供符合国家职业卫生标准的职业病防护用品，并对其进行经常性的维护、保养，建立职业病防护用品管理台账。

（10）从业人员按照使用规则正确佩戴、使用职业病防护用品。

（11）在日常的职业病危害监测或者定期检测、评价过程中，发现工作场所职业病危害因素的强度或者浓度不符合国家职业卫生标准和卫生要求的，应当立即采取措施进行整改和治理，确保其符合职业卫生环境和条件的要求。

（12）对遭受急性职业病危害的员工，立即进行健康检查和医学观察。

（13）不得安排未经职业健康检查的从业人员、有职业禁忌的从业人员、未成年工或者孕期、哺乳期女职工从事、接触产生职业病危害作业。

（14）对从事职业病危害作业的员工，根据国家相关标准，给予适当的岗位津贴。

（15）全体员工每年定期进行健康体检，及时筛查传染病和严重疾病，提高员工健康意识和健康水平。

（16）建立、健全工作场所职业病危害因素监测及评价制度。

六、建立员工健康监护档案

（1）在岗体检。接触职业病危害员工每年度进行相应的在岗职业健康体检，体检率100%。体检结果如实并及时告知员工。

（2）上岗体检。新招聘员工在签订劳动合同前，应进行上岗职业健康体检，体检中有相关职业禁忌症者，不予录用。

（3）离岗体检。曾经接触和正在接触职业病危害的离岗员工，要进行相应的离岗职业健康体检，体检档案复印件经过盖章后交员工保存。体检率应达到100%。

（4）职业健康体检原始档案完好保存，作为职业病诊断的依据。

（5）职业健康在岗体检中，患有职业禁忌症、疑似职业病和确诊职业病的员工，应调离职业病危害岗位，妥善安排。

（6）建立健全培训档案，真实记录培训内容、培训时间及考核情况等内容，并将本单位年度培训计划、单位主要负责人和职业卫生管理人员职业卫生培训证明，以及接触职业病危害的从业人员、职业病危害监测人员培训情况等，分类进行归档管理。

七、职业病危害防护设施和个人防护用品管理

（1）每年定期普查现场职业病危害防护设施，建立清单。

（2）定期检查维护职业病危害防护设施，保证正常使用。

（3）根据工作现场职业病危害的不同，制定个人防护用品配备计划，配备相应的个人防护用品。

（4）定期对个人防护用品的使用情况进行监督检查，充分发挥个人防护用品的保护作用。保证员工正确使用个人防护用品。

八、职业健康检查

职业健康检查可分为日常性检查、专业性检查、季节性检查、节假日前后的检查和不定期检查。

（一）日常性检查

日常性检查即经常的、普通的检查。公司每年进行 2～4 次。部门或部门每月至少进行一次。班组（值）每周、每班次都进行检查。

（二）专业性检查

专业性检查是指针对特种作业、特种设备、特殊场所进行的检查，如电焊、气焊、起重设备、运输车辆、锅炉、压力容器、易燃易爆场所等。

（三）季节性检查

季节性检查是指根据季节特点，为保障安全生产的特殊要求进行的检查。如春季风大，要着重防火、防爆。夏季高温多雨、多雷电，要着重防暑、防温、防汛、防雷电。冬季着重防寒、防冻等。

（四）节假日前后的检查

节假日前后的检查包括节日前进行安全生产综合检查，节日后要进行遵章守纪的检查等。

（五）不定期检查

不定期检查是指在装置、机器、设备开工和停车前，检修中，新装置、机器、设备竣工及试运转时的安全检查。

九、工会组织的监督

工会组织应建立劳动保护监督检查网络，对职业健康管理工作进行监督检查和促进。

十、劳动保护和职业健康

加强班组（值）劳动保护和职业安全卫生工作，保障员工在生产劳动中的安全健康。班组（值）每年要至少开展一次劳动保护和职业健康检查，做好劳动保护用品的管理和使用。

（一）安全工器具和安全设施检查

（1）基本绝缘安全工器具检查。是指能直接操作带电设备、接触或可能接触带电体的工器具，如电容型验电器、绝缘杆、绝缘隔板、绝缘罩、携带型短路接地线、核相器等。

（2）辅助绝缘安全工器具检查。是指绝缘强度不承受设备工作电压，只用于加强基本绝缘安全工器具的保安作用，用以防止接触电压、跨步电压、泄漏电流电弧对操作人员的伤害，不能用辅助绝缘安全工器具直接接触高压设备带电部分。属于这一类的安全工器具有绝缘手套、绝缘靴（鞋）、绝缘胶垫等。

（3）一般防护安全工器具（一般防护用具）检查。是指防护工作人员发生事故的工器具，如安全帽、安全带、绝缘梯、安全绳、脚扣、防静电服（静电感应防护服）、防电弧服、导电鞋（防静电鞋）、安全自锁器、速差自控器、防护眼镜、过滤式防毒面具、正压式消防空气呼吸器、耐酸手套、耐酸服及耐酸靴等。

（4）安全标示牌检查。包括各种安全警示牌等。

（5）安全围栏检查。包括固定围栏和网、带等。

（6）高处检修绝缘梯架等检查，安全工器具维护。

（7）安全工器具的保管、存放场所和所需设施检查。

（8）电力安全工器具和安全设施进行检测、试验所需专用设备、仪器、仪表等检查。

（9）为防止人员触电、高处坠落、机械伤害、物体打击、环境（粉尘、毒气、噪声、电磁、高温）伤害等事故，保障安全的其他各种电力安全工器具、防护装备与设施检查。

（二）职业健康、劳动条件及环境检查

（1）工作现场急救箱及急救药品配置及补充。

（2）高处作业车等安全作业装备的配置及维护。

（3）生产场所工作环境（如照明、护栏、盖板等）的改善。

（4）事故照明、抢修现场的移动照明设备。

（5）对可能存在有毒有害危险的作业环境进行检测所需设施和设备，包括对 SF_6 气体监测所需检漏仪器、氧量测试仪器，对电缆隧道（沟）内可燃气体及有毒气体监测所需气体监测仪器等。

（6）生产场所必需的各种消防器材、工具、消防水系统以及火灾探测、报警、火灾隔离等设施和措施。

（7）蓄电池室、油罐室、油处理室、氧气和乙炔气瓶库等易燃易爆品的防火、防爆、防雷、防静电、通风、照明等措施、设施。

（8）危险品储存、使用、运输、销毁所需要的设备、器材和应采取的安全措施。

十一、劳动保护管理

班组（值）要配备国家、上级颁发的各项劳动安全、工业卫生的政策、法令及有关规章制度，要设立劳动保护管理员，负责办理劳动保护用品申购、领取和发放等工作，负责核对《劳动保护用品领取发放台账》和实际是否相符、领取的劳动保护用品质量是否过关，负责建立劳动保护用品发放台账，对日常劳动保护用品发放进行登记。及时统计和掌握班组（值）员工劳动防护用品的使用情况和安全卫生设施的配置情况，当劳动防护用品和安全卫生设施的配置不够时应及时填写表单并上报分管部门进行申购、领取。班组（值）劳动保护管理员根据工作任务、员工结构的变化和劳动保护用品实际使用状况，可提出临时劳动保护用品购买申请。劳动保护管理员在提交临时劳动保护用品购买申请时，注明临时增补用品的原因，如新进员工增补、报废增补等。班组（值）长要及时监督和检查劳动保护用品和安全卫生设施的配置情况，确保满足班组（值）员工劳动保护用品和安全卫生设施的配置要求。班组（值）长要督促劳动保护管理员对劳动保护用品进行严格检查、定期检验和维护保养，对已失去安全效能的，立即报废，停止使用。在现场作业中，工作负责人要监督工作人员严格按照制度要求佩戴和使用劳动保护用品，工作结束后，工作人员要认真清点，妥善保管劳动保护用品。

参 考 文 献

[1] 国家能源局. 垃圾发电厂危险源辨识和评价规范：DL/T 1843—2018. 北京：中国电力出版社，2018.

[2] 中华人民共和国国家质量监督检验检疫总局，中国国家标准化管理委员会. 电业安全工作规程　第 1 部分：热力和机械：GB 26164.1—2010. 北京：中国标准出版社，2011.

[3] 中华人民共和国国家质量监督检验检疫总局，中国国家标准化管理委员会. 电力安全工作规程　发电厂和变电站电气部分：GB 26860—2011. 北京：中国标准出版社，2011.

[4] 中华人民共和国国家质量监督检验检疫总局，中国国家标准化管理委员会. 企业安全生产标准化基本规范：GB/T 33000—2016. 北京：中国标准出版社，2016.

[5] 国家市场监督管理总局，国家标准化管理委员会. 生产经营单位生产安全事故应急预案编制导则：GB/T 29639—2020. 北京：中国标准出版社，2020.

[6] 国家能源局. 垃圾焚烧发电厂安全生产评价导则：DL/T 2430—2021. 北京：中国电力出版社，2021.

[7] 国家市场监督管理总局，国家标准化管理委员会. 生产过程危险和有害因素分类与代码：GB/T 13861—2022. 北京：中国标准出版社，2020.